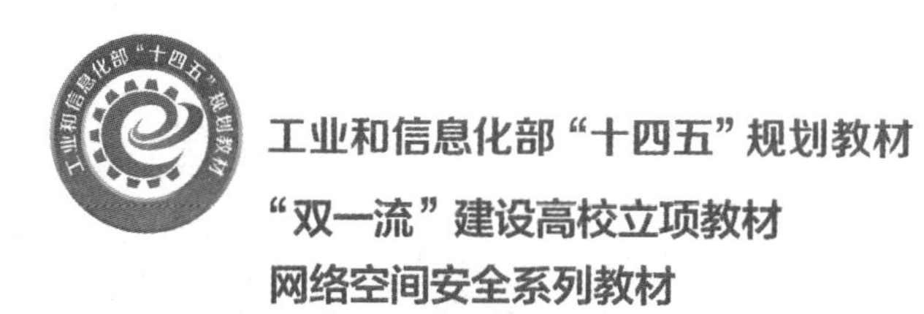

密码学实验教程

（第2版）

◆ 郭　华　刘建伟　李大伟　关振宇　主　编
◆ 白　琳　管晔玮　陈　晨　张习勇　副主编

電子工業出版社
Publishing House of Electronics Industry
北京 · BEIJING

内 容 简 介

本书共 18 章，第 1 章和第 2 章为密码学数学基础的相关实验；第 3 章为古典密码算法相关实验；第 4 章和第 5 章为对称密码算法相关实验；第 6 章为伪随机数算法相关实验，其内容服务于第 7 章和第 8 章的公钥密码算法实验；第 9 章为 Diffie-Hellman 密钥交换协议相关实验；第 10 章为 ECC 算法相关实验；第 11 章为 SHA-1 算法相关实验；第 12 章为数字签名算法相关实验；第 13～16 章为国产密码算法相关实验；第 17 章为 SM4 算法的快速软件实现方法；第 18 章为分组密码算法的工作模式。

本书不但可以作为网络空间安全、密码学科学与技术、信息安全、信息对抗技术、计算机科学与技术等专业的本科生、硕士生和博士生专业课程的配套实验教材，而且可以作为信息安全工程师、密码工程师的培训教材，为密码学算法的实际部署提供一定指导。

图书在版编目（CIP）数据

密码学实验教程 / 郭华等主编. —2 版. —北京：电子工业出版社，2024.1

ISBN 978-7-121-46750-9

Ⅰ. ①密… Ⅱ. ①郭… Ⅲ. ①密码学－实验－高等学校－教材 Ⅳ. ①TN918.1-33

中国国家版本馆 CIP 数据核字（2023）第 225759 号

责任编辑：戴晨辰
印　　刷：天津画中画印刷有限公司
装　　订：天津画中画印刷有限公司
出版发行：电子工业出版社
　　　　　北京市海淀区万寿路 173 信箱　　邮编：100036
开　　本：787×1 092　1/16　印张：12.75　字数：311 千字
版　　次：2021 年 1 月第 1 版
　　　　　2024 年 1 月第 2 版
印　　次：2024 年 12 月第 3 次印刷
定　　价：49.90 元

凡所购买电子工业出版社图书有缺损问题，请向购买书店调换。若书店售缺，请与本社发行部联系，联系及邮购电话：（010）88254888，88258888。

质量投诉请发邮件至 zlts@phei.com.cn，盗版侵权举报请发邮件至 dbqq@phei.com.cn。

本书咨询联系方式：dcc@phei.com.cn。

前　　言

2020年1月1日起《中华人民共和国密码法》正式实施，密码工作直接关系国家安全。2021年教育部新增密码科学与技术本科专业，目前国内有百余所高校设有密码科学与技术、信息安全、信息对抗技术、网络空间安全等专业，许多高校已建有密码学实验室，并系统地开设了密码学实验课程。虽然现有的密码学实验图书很多，但大多数图书的内容缺乏教学实践性，尤其从本科教学的角度看，它们都不太适合作为密码学实验教材。

本书从网络空间安全专业课程教学体系出发，在实验内容的编排上，力求符合教育部高等学校网络空间安全专业教学指导委员会编制的《高等学校信息安全专业指导性专业规范（第2版）》，满足该规范对本科生实践能力体系的要求。本书是一本内容丰富、特色鲜明、实用性强的密码学实验教材。本书包含数论算法、有限域上的基本运算、古典密码等基本型实验，DES、AES、RSA等国际标准算法相关实验，以及SM2、SM3、SM4等国家密码管理局公布的国家标准算法相关实验。此外，每个实验都提供了算法实现的伪代码、算法测试的输入输出数据和中间数据，每章后面均附有思考题，便于读者对实验过程和结果进行分析和总结，并对所提出的问题进行深入思考。

本书共18章，第1章介绍了数论基础算法的实现，包括厄拉多塞筛算法、欧几里得算法、快速幂取模算法、中国剩余定理算法和Miller-Rabin素性检测算法；第2章介绍了有限域算术算法的实现；第3章介绍了古典密码算法的实现，包括栅栏密码算法、矩阵密码算法、仿射密码算法等；第4、5章介绍了DES、AES等对称密码算法的实现；第6章介绍了伪随机数算法的实现，包括BBS算法、梅森旋转算法；第7、8章介绍了RC4算法、RSA算法的实现；第9章介绍了Diffie-Hellman密钥交换协议的实现；第10章介绍了ECC算法的实现，包括基于ECC的加解密算法和数字签名算法；第11章介绍了SHA-1算法的实现，SHA-1算法是美国国家标准与技术研究院（NIST）设计的安全杂凑算法；第12章介绍了数字签名算法的实现，主要介绍了不带消息恢复功能的RSA数字签名算法、RSA-PSS数字签名算法和ElGamal数字签名算法；第13～16章介绍了4种国家标准算法的实现，包括SM2算法、SM4算法、SM3算法和ZUC算法；第17章介绍了SM4算法快速软件实现；第18章介绍了分组密码算法加解密工作模式的实现。

本书是编者在多年密码学理论课程及密码学实验实践教学的基础上编写而成的，从基础数学知识引入，对单钥密码体制、流密码体制、公钥密码体制等常见的经典密码算法实现进行了阐述。编写本书的想法来源于解决学生面临的密码学实验课程调试问题的经历。密码学实验的一大特点是需要处理大量的大数运算，导致学生实现代码后不知如何判断自己编写的代码是否正确，进而在调试代码以获得正确输出上花费了大量时间，即“实现容易调试难”的问题。目前的密码学实验教材缺少密码学算法实现的模块拆解说明、缺少中间测试数据，无法对学生的代码调试过程起到指导作用，因此需要一本包含详细模块拆解及测试数据的图书，帮助学生在学习密码学算法时实时调试代码。本书侧重于算法模块化实现的介绍，并给出了详细的测试数据，特别是给出了一些重要的中间数据。编者希望本书的这些特色能够强化学生对算法模块化实现的意识，并减少学生调试代码的时间，进而培养学生的程序思维能力。本书内容严谨、语言精练，既可作为配套理论课的实验教材，又可作为工程实践的参考书单独使用。

本书包含配套教学资源，读者可登录华信教育资源网（www.hxedu.com.cn）下载。

在本书的编写过程中，北京航空航天大学的蒋燕玲教授、伍前红教授、白琳教授均给予了编者深切的关怀与鼓励。感谢本教学团队的姚燕青副教授、李冰雨副教授的支持与配合。特别感谢北京航空航天大学网络空间安全学院吕继强教授、尚涛教授、高莹副教授、张宗洋副教授、边松副教授、张小明副教授，他们在密码学课程的建设中给予了编者大力的支持和帮助。感谢恒安嘉新（北京）科技股份公司张振涛博士等人对本书的工程化实现和优化给予的专业技术指导。本书得到了工业和信息化部“十四五”规划教材建设项目、北京航空航天大学一流本科课程建设项目、北京航空航天大学研究生核心课程建设项目，以及教育部产学合作协同育人项目的支持。

北京航空航天大学的刘伟欣、龚子睿、唐泽林、霍嘉荣、丁元朝、张宇轩、吴亚鹏、宋青林等研究生为提高本书的质量做了实验验证、文字校对等工作。尤其是刘伟欣、龚子睿、唐泽林和霍嘉荣同学，为本书提供了大量的源代码和测试数据，并校对了所有算法的代码实现部分。编者在此一并向他们表示真诚的感谢。

尽管本书积累了编者多年的实践经验和教学成果，但其涉及的知识面宽广，采用的实验设备和工具种类繁多，加之时间紧张、编者水平有限，一定存在许多不足之处，恳请广大读者给予批评和指正。

编　者

2023年11月

配套视频学习资源

本书作者录制了配套视频学习资源，读者可扫描以下二维码学习。其他丰富的学习资源，读者可登录华信教育资源网（www.hxedu.com.cn）下载。

章　名	视频二维码	章　名	视频二维码
第 1 章		第 10 章	
第 2 章		第 11 章	
第 3 章		第 12 章	
第 4 章		第 13 章	
第 5 章		第 14 章	
第 6 章		第 15 章	
第 7 章		第 16 章	
第 8 章		第 17 章	
第 9 章		第 18 章	

部分符号解释

$a \equiv b \pmod n$	a 在模 n 意义下和 b 同余
$a = b \bmod n$	a 等于 b 模 n
$\lll_k n$	k 比特/字节长度下循环左移 n 比特/字节
$\ggg_k n$	k 比特/字节长度下循环右移 n 比特/字节
ε	空串
$a \| b$	串 a 和 b 进行拼接
$\wedge$	逐比特与
$\vee$	逐比特或
$\oplus$	逐比特异或
$\overline{a}$	a 取反
$\lfloor \cdot \rfloor$	向下取整
$\lceil \cdot \rceil$	向上取整
$[k]P$	椭圆曲线上点 P 的 k 倍点
$x \leftarrow_R [a,b]$	从范围$[a,b]$中均匀随机采样，采样结果记为 x

目　录

第 1 章　数论基础

1.1　算法原理

数论主要研究的是整数的性质，许多加密算法都用到了数论知识。本章介绍一些在密码学中应用较为广泛的基础数论算法，包括厄拉多塞筛算法、欧几里得算法、快速幂取模算法、中国剩余定理、Miller-Rabin 素性检测算法。

1.1.1　厄拉多塞筛算法

厄拉多塞筛算法（Eratosthenes Sieve）是一种求素数的方法，由古希腊数学家厄拉多塞提出。它的原理是给定一个数字 N，从 2 开始依次将 $\sqrt{N}$ 以内的素数的倍数标记为合数，标记完成后剩余未被标记的数为素数（从 2 开始）。如此可省去检查每个数的步骤，使筛选素数的过程更加简单。厄拉多塞筛算法流程图如图 1-1 所示，具体步骤如下：

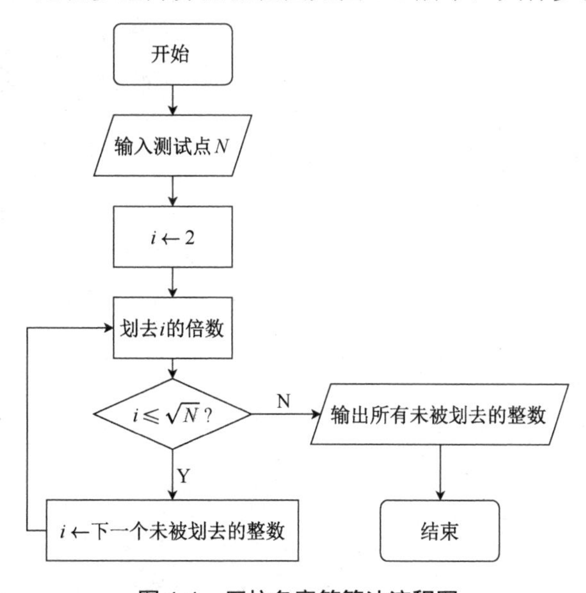

图 1-1　厄拉多塞筛算法流程图

（1）读取输入的数字 N，将 2～N 的所有整数记录在表中；

（2）从 2 开始，划去表中所有 2 的倍数；

（3）由小到大寻找表中下一个未被划去的整数，再划去表中所有该整数的倍数；

（4）重复步骤（3），直到找到的整数大于 $\sqrt{N}$ 为止；

（5）表中所有未被划去的整数均为素数，输出所有未被划去的整数。

1.1.2 欧几里得算法

欧几里得算法（Euclid's Algorithm）又称辗转相除法。古希腊数学家欧几里得在其著作 *The Elements* 中最早描述了这种算法，所以被命名为欧几里得算法。欧几里得算法利用计算公式 $\gcd(a,b)=\gcd(b,a \bmod b)$ 求两个整数 a 和 b 的最大公约数，其中 $\gcd(x,y)$ 代表 x 、y 的最大公约数。本书中关注非负整数 a 和 b 的最大公约数，欧几里得算法流程图如图 1-2 所示。欧几里得算法具体步骤如下：

（1）使用带余除法，b 除 a 得到余数 r ；

（2）若 $r>0$ ，则用 b 代替 a ，用 r 代替 b ，重复步骤（1）；

（3）b 的值就是最大公约数 d 。

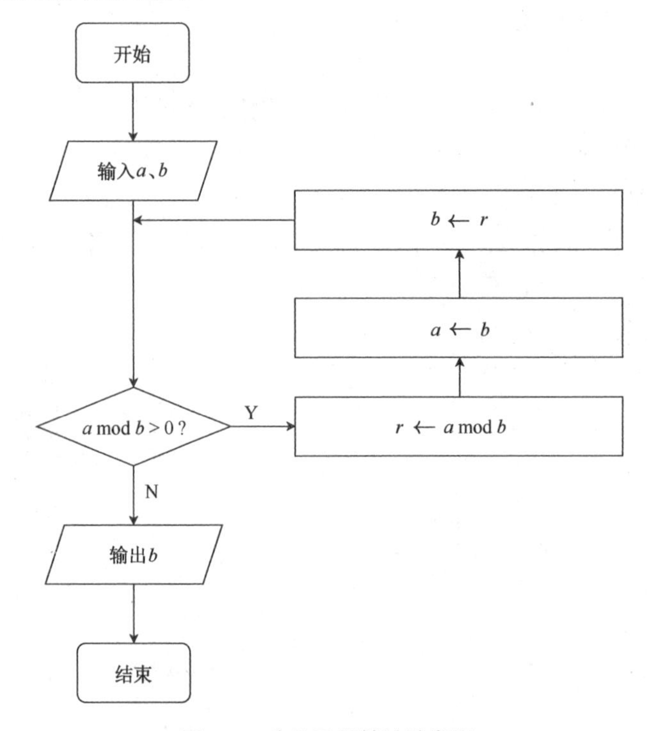

图 1-2 欧几里得算法流程图

扩展欧几里得算法（Extended Euclid's Algorithm）是对欧几里得算法的扩展，基于以下定理：对任意两个整数 a 、b ，必然存在整数 x 、y ，使得 $ax+by=\gcd(a,b)$ 成立，求出整数解 x 、y ，则可以得到 $\gcd(a,b)$ 。同样，本书中关注非负整数 a 、b 。扩展欧几里得算法可以分为递归版本和非递归版本。

在递归版本中，扩展欧几里得算法的主要思想与欧几里得算法类似，根据公式 $\gcd(a,b)=\gcd(b,a \bmod b)$，有以下等式成立：

$$ax_1 + by_1 = bx_2 + (a \bmod b)y_2 = bx_2 + (a - \lfloor a/b \rfloor b)y_2 = ay_2 + b(x_2 - \lfloor a/b \rfloor y_2)$$

可得 $x_1 = y_2$， $y_1 = x_2 - \lfloor a/b \rfloor y_2$。因此，递归版本将求解整数 x 、 y 使得 $ax + by = \gcd(a,b)$ 成立转换为求解 x' 、 y' 使得 $bx' + (a \bmod b)y' = \gcd(b, a \bmod b)$ 成立，直至 b 整除 a 为止。

在非递归版本中，扩展欧几里得算法的主要思想是找到 x 、 y 的递推关系，并利用该递推关系进行计算，具体步骤为：

（1）根据带余除法，假设每个步骤 i（ $i = 1,2,\cdots,n$ ）都可找到对应的 x_i 和 y_i，则可列式：

$$a = q_1 b + r_1，\quad r_1 = ax_1 + by_1$$
$$b = q_2 r_1 + r_2，\quad r_2 = ax_2 + by_2$$
$$r_1 = q_3 r_2 + r_3，\quad r_3 = ax_3 + by_3$$
$$\vdots$$
$$r_{n-2} = q_n r_{n-1} + r_n，\quad r_n = ax_n + by_n$$
$$r_{n-1} = q_{n+1} r_n + 0$$

（2）移项，得到：

$$r_i = r_{i-2} - r_{i-1} q_i$$

（3）以此类推，将 $r_{i-2} = ax_{i-2} + by_{i-2}$ 和 $r_{i-1} = ax_{i-1} + by_{i-1}$ 代入 $r_i = r_{i-2} - r_{i-1} q_i$ ，可得：

$$r_i = a(x_{i-2} - q_i x_{i-1}) + b(y_{i-2} - q_i y_{i-1})$$

（4）由 $r_i = ax_i + by_i$ ，得：

$$x_i = x_{i-2} - q_i x_{i-1}，\quad y_i = y_{i-2} - q_i y_{i-1}$$

（5）依次递推，直到 $x_0 = 0,\ y_0 = 1;\ x_{-1} = 1,\ y_{-1} = 0$ 。

（6）将中间式子迭代即可得到 x_n 和 y_n ，即所求的 x 和 y ；同时可得 a 和 b 的最大公约数 $d = r_n = ax_n + by_n$ 。

1.1.3　快速幂取模算法

观察到，对于 $b^e \bmod p$ ，其中 e 为 n 比特长的非负整数，有以下公式成立：

$$b^e \bmod p = b^{\sum_{i=0}^{n-1} 2^i e_i} \bmod p = \left(\prod_{i=0}^{n-1} b^{2^i e_i} \bmod p\right) \bmod p$$

因此，若要计算 $b^e \bmod p$ ，可以先计算 $b^2 \bmod p$ ， $b^4 \bmod p$ ， $b^8 \bmod p$ ， $\cdots$ ，再将 e 的二进制表示中等于 1 的比特所对应的 b 的幂累乘，便可得到结果。快速幂取模算法流程图如图 1-3 所示，具体步骤如下：

（1）令结果 r 的初始值为 1；

（2）考察 e 的最低比特，若最低比特为 1，则当前结果 r 乘以 b 模 p ；若最低比特为 0，则当前结果 r 不变；

（3）将 e 右移 1 比特；

（4）将 b 变为 $b^2 \bmod p$ ；

（5）重复步骤（2）、步骤（3）和步骤（4），直至$e=0$，当前结果r即最终结果。

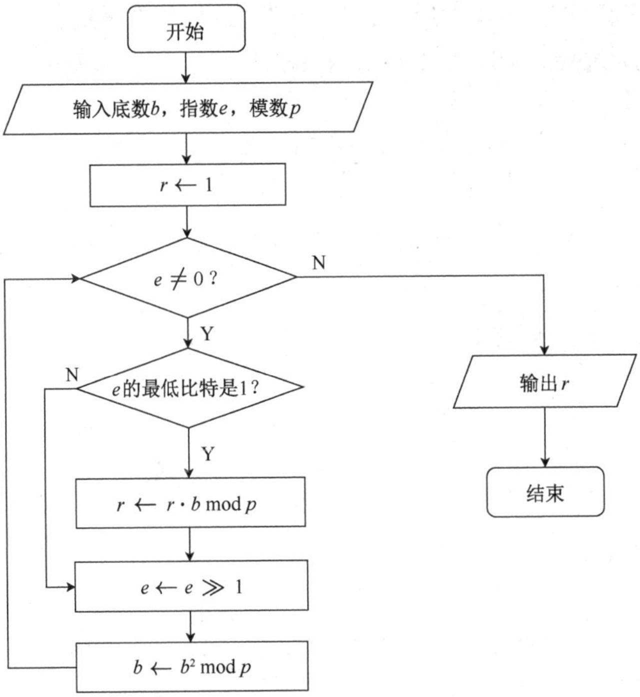

图1-3 快速幂取模算法流程图

1.1.4 中国剩余定理算法

中国剩余定理（Chinese Remainder Theorem，CRT）即孙子定理，是中国古代求解一次同余式组的方法，又称中国余数定理。在《孙子算经》中“物不知数”的问题原文如下：有物不知其数，三三数之剩二，五五数之剩三，七七数之剩二。问物几何？如果用现代语言描述，则中国剩余定理是一种求解以下一元线性同余方程组的算法，其流程图如图1-4所示。

$$\begin{cases} x \equiv a_1 \pmod{m_1} \\ x \equiv a_2 \pmod{m_2} \\ \quad\vdots \\ x \equiv a_n \pmod{m_n} \end{cases} \quad (S)$$

假设整数$m_1, m_2, \cdots, m_n$两两互素，则对任意的整数$a_1, a_2, \cdots, a_n$，方程组有解，并且通解可以用如下方式构造得到：

（1）设$M = m_1 m_2 \cdots m_n = \prod_{i=1}^{n} m_i$是整数$m_1, m_2, \cdots, m_n$的乘积，并设$M_i = M / m_i$（$i = 1, 2, \cdots, n$）是除$m_i$外的$n-1$个数的乘积；

（2）设$M_i' = M_i^{-1} \bmod m_i$是$M_i$模$m_i$意义下的逆元，即$M_i' M_i \equiv 1 \pmod{m_i}$，$i = 1, 2, \cdots, n$；

（3）方程组(S)的通解形式为：

$$x = a_1 M_1' M_1 + a_2 M_2' M_2 + \cdots + a_n M_n' M_n + kM = kM + \sum_{i=1}^{n} a_i M_i' M_i,\quad k \in \mathbb{Z}$$

在模 M 的意义下，方程组(S)只有一个解 $x = \left(\sum_{i=1}^{n} a_i M_i' M_i\right) \bmod M$ 。

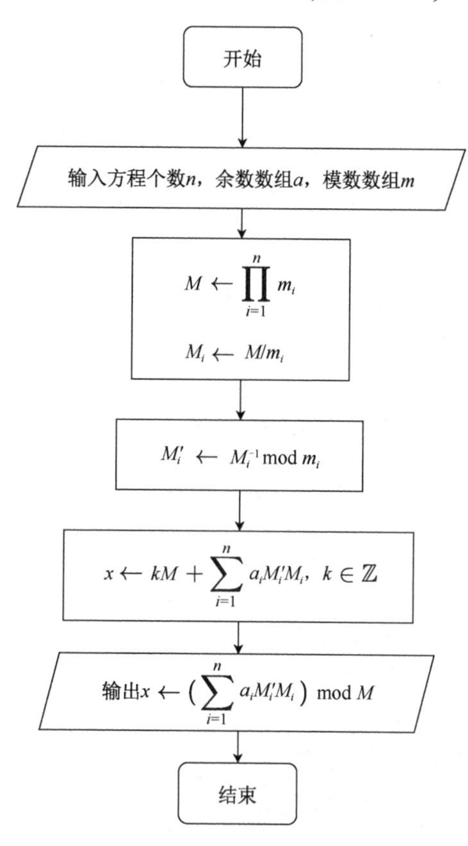

图 1-4　中国剩余定理流程图

1.1.5　Miller-Rabin 素性检测算法

首先给出两个定理：费马小定理和二次探测定理。

费马小定理可描述为，设 p 是素数，a 为整数，且 $\gcd(a,p)=1$，则 $a^{p-1} \equiv 1 \pmod{p}$。

二次探测定理可描述为，如果 p 是一个素数，且 $0<x<p$，且方程 $x^2 \equiv 1 \pmod{p}$ 成立，那么 $x=1$ 或 $x=p-1$。

Miller-Rabin 素性检测是基于以上两个定理的随机化算法，用于判断一个数是合数还是素数。判断 n 是否为素数的具体算法过程如下：

（1）令 $n-1=2^k q$，其中 $k>0$，q 为奇数，随机选取整数 a，$1<a<n-1$；

（2）若 $a^q \equiv 1 \pmod{n}$，那么 n 可能是素数；

（3）取整数 i，$0 \leqslant i < k$，若存在 i，使得 $a^{2^i q} \equiv n-1 \pmod{n}$，那么 n 可能是素数；否则，n 为合数。

其中，a 的取值范围为 $[2, n-2]$，而不是 $[1, n-1]$。原因在于，当 a 取 1 或 $n-1$ 时，无论 n 的取值如何，算法总是输出 n 可能为素数，产生了无意义的检测轮次，具体分析如下：

（1）当 $a=1$ 时，有 $a^q \equiv 1^q \equiv 1 \pmod{n}$，因此 $\forall n$，有 $a^q \bmod n = 1$ 成立；

（2）当 $a=n-1$ 时，$\forall i>0$，有 $a^{2^i q} \equiv (n-1)^{2^i q} \equiv (-1)^q \equiv n-1 \pmod{n}$。

因此，当 a 取 1 或 $n-1$ 时，会产生无意义的检测轮次，增加误报率。

由以上分析可知，素数一定通过检测，不通过检测的必为合数，通过检测的可能是素数，这就是 Miller-Rabin 素性检测。Miller-Rabin 素性检测算法流程图如图 1-5 所示。

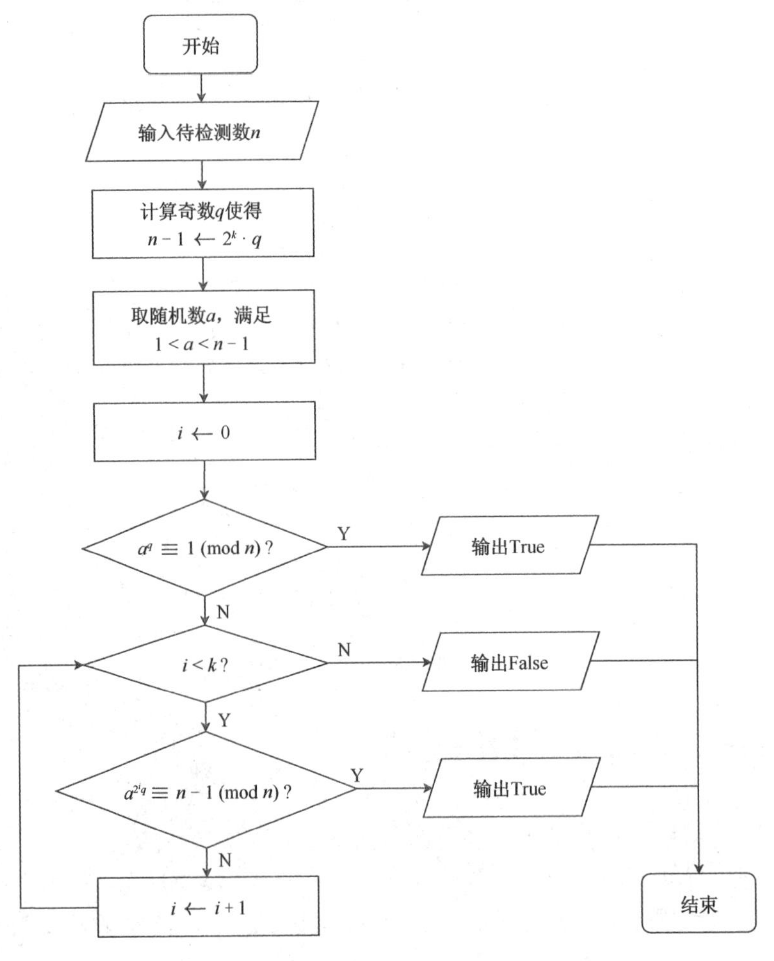

图 1-5　Miller-Rabin 素性检测算法流程图

1.2　算法伪代码

本节介绍上述算法的伪代码描述。伪代码清单如表 1-1 所示。

表 1-1　伪代码清单

算法序号	算　法	算法名
1.2.1.1	厄拉多塞筛算法	eratosthenes
1.2.2.1	欧几里得算法	gcd
1.2.2.2	扩展欧几里得算法	exgcd
1.2.3.1	快速幂取模算法	quick_pow_mod
1.2.4.1	中国剩余定理算法	crt
1.2.5.1	Miller-Rabin 素性检测算法	mr_test

1.2.1　厄拉多塞筛算法伪代码

算法的输入为一个正整数 n，输出为数组 primes，代表小于或等于 n 的所有素数。算法伪代码如下：

算法 1.2.1.1　eratosthenes(n)

// 输入：正整数 n

// 输出：数组 primes

$\text{flag}[1,2,\cdots,n] \leftarrow \{0,1,\cdots,1\}$

for $i \leftarrow 2$ **to** $\lfloor \sqrt{n}-1 \rfloor$ **do**

　　for $j \leftarrow 2$ **to** $\lfloor n/i \rfloor$ **do**

　　　　$\text{flag}[i \cdot j] \leftarrow 0$

for $i \leftarrow 2$ **to** n **do**

　　if $\text{flag}[i] \neq 0$ **then**

　　　　将 i 添加至 primes 中

return primes

1.2.2　欧几里得算法伪代码

算法的输入为两个非负整数 a、b，输出为其最大公约数 d 。算法伪代码如下：

算法 1.2.2.1　gcd(a,b)

// 输入：非负整数 a、b

// 输出：最大公约数 d

if $b=0$ **then**

　　return a

else

　　return $\text{gcd}(b, a \bmod b)$

扩展欧几里得算法的输入为两个非负整数 a 、b ，输出为其最大公约数 d 和 x 、y ，满

足 $ax+by=d$ 。算法伪代码如下：

算法 1.2.2.2 exgcd$(\boldsymbol{a},\boldsymbol{b})$

```
// 输入：非负整数 a 和 b
// 输出：三元组 (d, x, y)
if b = 0 then
    return (a, 1, 0)
else
    (d, x', y') ← exgcd(b, a mod b)
    x ← y'
    y ← x' − y'·⌊a / b⌋
    return (d, x, y)
```

1.2.3 快速幂取模算法伪代码

算法的输入为整数 b 、e、 p ，其中 b 代表底数，e 代表指数， p 代表模数；输出为整数 r ，满足 $r=b^e \bmod p$ 。算法伪代码如下：

算法 1.2.3.1 quick_pow_mod$(\boldsymbol{b},\boldsymbol{e},\boldsymbol{p})$

```
// 输入：整数 b 、 e、 p
// 输出：整数 r
r ← 1
while e ≠ 0 do
    if e ≡ 1 (mod 2) then
        r ← r·b mod p
    e ← e ≫ 1
    b ← b² mod p
return r
```

1.2.4 中国剩余定理算法伪代码

算法的输入为长度为 n 的余数数组 a 和模数数组 m ，代表一共有 n 个同余方程；输出为同余方程组的解 result，算法在实现过程中调用了扩展欧几里得算法 exgcd 。算法伪代码如下：

算法 1.2.4.1 crt$(\boldsymbol{a},\boldsymbol{m})$

```
// 输入：余数数组 a[0,1,⋯,n−1]、模数数组 m[0,1,⋯,n−1]
// 输出：整数 result
result ← 0
```

$$M \leftarrow \prod_{i=0}^{n-1} m[i]$$

for $i \leftarrow 0$ **to** $n-1$ **do**

　　$M_i \leftarrow M / m[i]$

　　$M_i' \leftarrow M_i^{-1} \bmod m[i]$

　　$\text{result} \leftarrow \text{result} + a[i] \cdot M_i \cdot M_i'$

return $(\text{result} \bmod M)$

1.2.5　Miller-Rabin 素性检测算法伪代码

算法的输入为正整数 n 和检测次数 k，如果 n 不为素数，则输出 False，否则输出 True。算法在实现过程中调用了快速幂取模算法 quick_pow_mod。算法伪代码如下：

算法 1.2.5.1　mr_test(n,k)

// 输入：正整数 n、检测次数 k

// 输出：是否为素数的结果 ret

if $n=2$ **or** $n=3$ **then**

　　return True

ret $\leftarrow$ False

for $i \leftarrow 0$ **to** k **do**

　　$a \leftarrow_R [2, n-2]$

　　计算整数 k 和 q，使得 $2^k \cdot q = n-1$

　　if $a^q \equiv 1 \pmod n$ **then**

　　　　ret $\leftarrow$ ret $\vee$ True

　　for $j \leftarrow 0$ **to** $k-1$ **do**

　　　　if $a^{2^i \cdot q} \equiv n-1 \pmod n$ **then**

　　　　　　ret $\leftarrow$ ret $\vee$ True

　　　　else

　　　　　　ret $\leftarrow$ ret $\vee$ False

return ret

1.3　算法实现与测试

针对厄拉多塞筛算法、欧几里得算法、扩展欧几里得算法、快速幂取模算法、中国剩余定理算法、Miller-Rabin 素性检测算法，本节给出使用 Python（版本大于 3.9）实现的源代码及相应的测试数据。源代码清单如表 1-2 所示。

表 1-2　源代码清单

文　件　名	包 含 算 法
eratosthenes.py	厄拉多塞筛算法
gcd.py	欧几里得算法
exgcd.py	扩展欧几里得算法
quick_pow_mod.py	快速幂取模算法
crt.py	中国剩余定理算法
mr_test.py	Miller-Rabin 素性检测算法

1.3.1　厄拉多塞筛算法实现与测试

程序输入为 N，即求 2～N 之间的素数。以 $N=10$ 为例，给出一组中间数据，如表 1-3 所示。

表 1-3　厄拉多塞筛算法中间数据

轮　　数	划 去 数 字
第 1 轮	4、6、8、10
第 2 轮	6、9
得到最终素数	2、3、5、7

取 N 为 100，则输出素数结果为：2 3 5 7 11 13 17 19 23 29 31 37 41 43 47 53 59 61 67 71 73 79 83 89 97。

取 N 为 200，则输出素数结果为：2 3 5 7 11 13 17 19 23 29 31 37 41 43 47 53 59 61 67 71 73 79 83 89 97 101 103 107 109 113 127 131 137 139 149 151 157 163 167 173 179 181 191 193 197 199。

1.3.2　欧几里得算法实现与测试

欧几里得算法的结果用 $\gcd(a,b)$ 表示，程序输入为 a 和 b，即求 a 和 b 的最大公约数。以 $\gcd(710,310)$ 为例，给出一组中间数据，如表 1-4 所示。

表 1-4　欧几里得算法中间数据

轮　　数	a	b
1	710	310
2	310	90
3	90	40
4	40	10
5	10	0

此时，$\gcd(710,310)=\gcd(10,0)=10$。

扩展欧几里得算法的结果用 $\text{exgcd}(a,b)$ 表示，源代码实现了递归版本的扩展欧几里得算法，程序输入为 a 和 b，即求 a 和 b 的最大公约数。以 $\text{exgcd}(7,5)$ 为例，给出一组中间数据，如表 1-5 所示。

表 1-5　扩展欧几里得算法中间数据 1

递 归 深 度	d	x'	y'	$x=y'$	$y=x'-y'\cdot\lfloor a/b \rfloor$
3	1	1	0	0	1
2	1	0	1	1	−2
1	1	1	−2	−2	3

则结果为 $1=(-2)\times 7+3\times 5$，即 $\text{exgcd}(7,5)=(1,-2,3)$。

再以 $\text{exgcd}(1769,551)$ 为例，给出一组中间数据，如表 1-6 所示。

表 1-6　扩展欧几里得算法中间数据 2

递 归 深 度	d	x'	y'	$x=y'$	$y=x'-y'\cdot\lfloor a/b \rfloor$
4	29	1	0	0	1
3	29	0	1	1	−1
2	29	1	−1	−1	5
1	29	−1	5	5	−16

则结果为 $29=5\times 1769+(-16)\times 551$，即 $\text{exgcd}(1769,551)=(29,5,-16)$。

下面给出几组测试数据供读者参考，如表 1-7 所示。

表 1-7　扩展欧几里得算法测试数据

a	b	x	y	$\gcd(a,b)$
31	13	−5	12	1
2461502723515673086658704256944912426065172925575	1720876577542770214811199308823476528929542231719	−27950388378727451425390221029736985378094362805 6	39979599940745026457009085475842906511784400 5679	1
137096164691449488835122291235023051763859318102840889067550902384318989727089044391788984680217107984018759866571252110844726214995953712543463 90738382042	192350399949876251675909634808997772559337752383120440971227732556475302768063176360267276798008253704593216177248715154421474324209512570378231 41069640181	−1076045803680437575165069317517720056816012968550552297497847522201869587140865136718292159497811949579872126471694232065112371318866682108000433819750738	76694279167268922645020091944585685325849075405037970448319408710011570022575591906621102754048417886982308492929945922861700752172557570588484198202633 7	1

1.3.3　快速幂取模算法实现与测试

快速幂取模算法 quick_pow_mod 以底数 b、指数 e 和模数 p 为输入，输出为 $b^e \bmod p$。

以 $\text{quick\_pow\_mod}(7,19,13)$ 为例，首先将指数 19 化为二进制数，为 $(10011)_2$，然后给出一组中间数据，如表 1-8 所示。

表 1-8　快速幂取模算法中间数据 1

i	e_i	$b^{2^i} \bmod p$	$\prod_{j=0}^{i} b^{2^j e_j} \bmod p$
0	1	7	7
1	1	10	5
2	0	9	5
3	0	3	5
4	1	9	6

因此，$7^{19} \bmod 13 = 6$。

下面再给出一组中间数据供读者参考，如表 1-9 所示。这里底数 $b = 71394579385793847593287459$，指数 $e = 65537$，模数 $p = 27548927592857298457294572950275 9$。指数 65537 化为二进制数为 $(10000000000000001)_2$。

表 1-9　快速幂取模算法中间数据 2

e_i	$\prod_{j=0}^{i} b^{2^j e_j} \bmod p$
1	71394579385793847593287459
0	71394579385793847593287459
0…0（14 个 0）	71394579385793847593287459
1	177913638500253600517830301630694

除上述两组中间数据外，再给出如表 1-10 所示的两组快速幂取模算法测试数据供读者参考。

表 1-10　快速幂取模算法测试数据

b	e	p	$b^e \bmod p$
5	10003	31	5
14944626594292900 47815067355171411 187560751791530	65537	22688387113047243 04304396119509416 774597723292474	20995381637208914 67842744895846522 520832379454230

1.3.4　中国剩余定理算法实现与测试

算法的输入为同余方程组，输出为同余方程组的解。下面以 3 个方程的同余方程组为例，m 中数据分别表示 3 个方程的模数，a 中数据分别表示 3 个方程的余数，M_i 是除 m_i 外的 $n-1$ 个数的乘积，$M_i^{'}$ 是 M_i 在模 m_i 意义下的逆元，测试数据如表 1-11 所示。

表 1-11　中国剩余定理算法测试数据

a	m	M_i	M_i'	result
0, 0, 0	23, 28, 33	924, 759, 644	6, 19, 2	$\text{result} \equiv 0 \pmod{21252}$
5, 20, 1	23, 28, 33	924, 759, 644	6, 19, 2	$\text{result} \equiv 19900 \pmod{21252}$
283, 102, 23	23, 28, 33	924, 759, 644	6, 19, 2	$\text{result} \equiv 9230 \pmod{21252}$

1.3.5　Miller-Rabin 素性检测算法实现与测试

算法的输入为待检测的大数，检测次数为 20 次，输出为 True 或 False。若输出为 True，则表示该数通过了 Miller-Rabin 素性检测，可能为素数；若输出为 False，则表示该数不为素数。Miller-Rabin 素性检测算法测试数据如表 1-12 所示。

表 1-12　Miller-Rabin 素性检测算法测试数据

输　入	输　出
1000023	False
1000033	True
100160063	False
1500450271	True

1.4　思考题

（1）Miller-Rabin 素性检测算法并非确定性的素性判定方法，如何通过重复检测提高该算法的可信度？试简要说明。

（2）在厄拉多塞筛算法中需要临时存放大量的数据，如何减少运行时的内存开销？

第 2 章　有限域算术

有限域也称伽罗瓦域（Galois Fields），是伽罗瓦（Galois. Evariste）于 18 世纪 30 年代研究代数方程根式求解问题时引出的概念。有限域在密码学、近代编码、计算机理论、组合数学等方面有着广泛的应用。

2.1　算法原理

2.1.1　有限域四则运算算法

在抽象代数中，域是一个对加法和乘法封闭的集合，其中要求每个元素都有加法逆元，每个非零元素都有乘法逆元。如果域 F 只包含有限个元素，则称其为有限域。有限域中元素的个数称为有限域的阶。可以证明，每个有限域的阶必为素数的幂，即有限域的阶可表示为 p^n（p 是素数、n 是正整数）。有限域通常称为 Galois 域，记为 $\mathrm{GF}\left(p^n\right)$。

有限域 $\mathrm{GF}\left(p^n\right)$ 中的元素可以看作有限域 $\mathrm{GF}(p)$ 上次数小于 n 的多项式，因此 $\mathrm{GF}\left(p^n\right)$ 构成 $\mathrm{GF}(p)$ 上的 n 维线性空间，其中的一组基为 $1,x,x^2,x^3,\cdots,x^{n-1}$，所以有限域 $\mathrm{GF}\left(p^n\right)$ 中的所有元素可以用基 $1,x,x^2,x^3,\cdots,x^{n-1}$ 的线性组合来全部表示，其中线性组合的系数在 $\mathrm{GF}(p)$ 中，即 $\mathrm{GF}\left(p^n\right)=\{a_0+a_1x+a_2x^2+\cdots+a_{n-1}x^{n-1}\mid a_i\in\mathrm{GF}(p)$，$i=0,1,2,\cdots,n-1\}$。

将 $\mathrm{GF}(p)$ 上的加法单位元记作 0，乘法单位元记作 1，元素 a 的加法逆元记作 $-a$，非零元素 b 的乘法逆元记作 b^{-1}，则有：$a+(-a)\equiv 0\ (\mathrm{mod}\ p)$，$b\cdot b^{-1}\equiv 1\ (\mathrm{mod}\ p)$。对 $\mathrm{GF}(p)$ 中的元素 a 和非零元素 b 来说，加法是 $(a+b)\ \mathrm{mod}\ p$，减法是 $\left(a+(-b)\right)\ \mathrm{mod}\ p$，乘法是 $(a\cdot b)\ \mathrm{mod}\ p$，除法是 $\left(a\cdot b^{-1}\right)\ \mathrm{mod}\ p$，该法则对多项式的运算同样成立。因此，$\mathrm{GF}\left(p^n\right)$ 上的四则运算可以由 $\mathrm{GF}(p)$ 上多项式的四则运算导出。

特别地，当 $p=2$ 时，$\mathrm{GF}\left(p^n\right)$ 中的元素 $a_0+a_1x+a_2x^2+\cdots+a_{n-1}x^{n-1}$ 可以简化为二进制数 $a_{n-1}\cdots a_2a_1a_0$。因为计算机中使用的是二进制数，且 1 字节为 8 比特，所以在密码学中常常用到有限域 $\mathrm{GF}\left(2^8\right)$。

1．加法运算原理

$\mathrm{GF}\left(2^n\right)$ 上的加法即 $\mathrm{GF}(2)$ 上多项式的加法，具体是将 $\mathrm{GF}(2)$ 上多项式的系数分别相加。对于 $\mathrm{GF}(2)$ 上的元素，加法即异或运算。因此，$\mathrm{GF}\left(2^n\right)$ 上的加法即按位异或运算。

2．减法运算原理

$GF(2^n)$上的减法即$GF(2)$上多项式的减法，具体是将$GF(2)$上多项式的系数分别相减。对于$GF(2)$上的元素，减法即加法。因此，$GF(2^n)$上的减法即$GF(2^n)$上的加法。

3．乘法运算原理

用多项式对$GF(2^n)$中的元素进行表示。$GF(2^n)$上的乘法即$GF(2)$上多项式的乘法，具体是将$GF(2)$上的两个多项式相乘，但两个多项式相乘之后，乘积的次数可能会大于或等于n，乘积不是$GF(2^n)$中的元素。为了保证乘法的封闭性，在计算两个多项式的乘积之后，还需要模一个$GF(2)$上的n次不可约多项式poly来保证得到的多项式次数小于n。

在具体实现中，计算$a \cdot b \bmod \text{poly}$，利用以下公式来减小模运算的计算复杂度。

$$a \cdot b \bmod \text{poly} = a \cdot \sum_{i=0}^{n-1} b_i x^i \bmod \text{poly} = \left(\sum_{i=0}^{n-1} a b_i x^i \bmod \text{poly} \right) \bmod \text{poly}$$

因此，模n次不可约多项式 poly 的操作可以分解到每一次乘x再模poly的模乘运算中。此时，模乘运算可通过左移一位后，根据是否溢出来减去给定的不可约多项式实现。乘x的更高次幂可通过重复使用上述方法来实现，从而$GF(2^n)$上的乘法结果可由多个中间结果相加得到。

有限域$GF(2^8)$上乘法运算的详细步骤为：

（1）输入a、b和不可约多项式poly，将乘法结果result初始化为0；

（2）判断b是否大于0，如果大于0，则转步骤（3），否则转步骤（6）；

（3）判断b的最低比特是否为1，如果是，则将result与a进行按位异或运算后，将a左移一位；否则，直接将a左移一位；

（4）判断a的最高比特是否为1，如果是，则将a与poly进行按位异或运算后，取a的低8比特；否则，直接取a的低8比特；

（5）将b右移一比特，转步骤（2）；

（6）输出result，算法结束。

有限域乘法运算流程图如图2-1所示。

4．除法运算原理

这里介绍$GF(2)$上多项式的带余除法运算，具体是将$GF(2)$上的两个多项式相除，得到商和余数。该运算不限定在有限域中，后续可以用于有限域上欧几里得算法的实现，为实现有限域上的求逆及除法运算提供基础。

设a为被除数，b为除数，q为商，r为余数，且均为二进制数形式。从多项式的角度理解，a、b、q、r需要满足以下公式，其中$\deg(\cdot)$为多项式次数，在实现中可以理解为比特长度。

$$a = q \cdot b + r，\deg(r) < \deg(b)$$

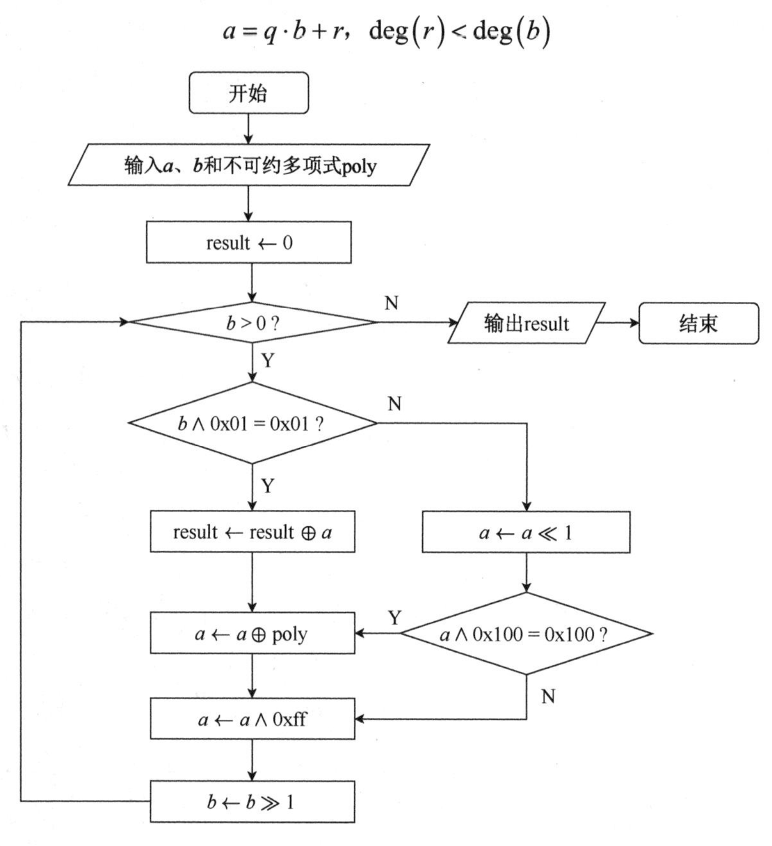

图 2-1　有限域乘法运算流程图

在具体实现中，将 q 的值初始化为 0。当 a 的比特长度大于或等于 b 的比特长度时，若 b 左移 k 比特后与 a 的比特长度相等，此时 q 与 1 左移 k 比特后的值相加，a 与 b 左移 k 比特后的值相减作为新的 a，再判断 a 的比特长度与 b 的比特长度之间的大小关系；如果 a 的比特长度仍大于或等于 b 的比特长度，则重复上述步骤，直至 a 的比特长度小于 b 的比特长度，此时 a 的值即 r。

有限域上除法运算的详细步骤为：

（1）输入 a、b，将商 q 初始化为 0，余数 r 初始化为 a；

（2）判断 a 的比特长度 alen 是否大于或等于 b 的比特长度 blen，如果是，则转步骤（3），否则转步骤（6）；

（3）计算 a 的比特长度与 b 的比特长度之差，并将运算结果赋值给 k；

（4）将 r 与 b 左移 k 比特后的值进行按位异或运算；

（5）将 q 与 1 左移 k 比特后的值进行按位异或运算，并更新 a 的比特长度，转步骤（2）；

（6）输出 (q,r)，算法结束。

有限域除法运算流程图如图 2-2 所示。

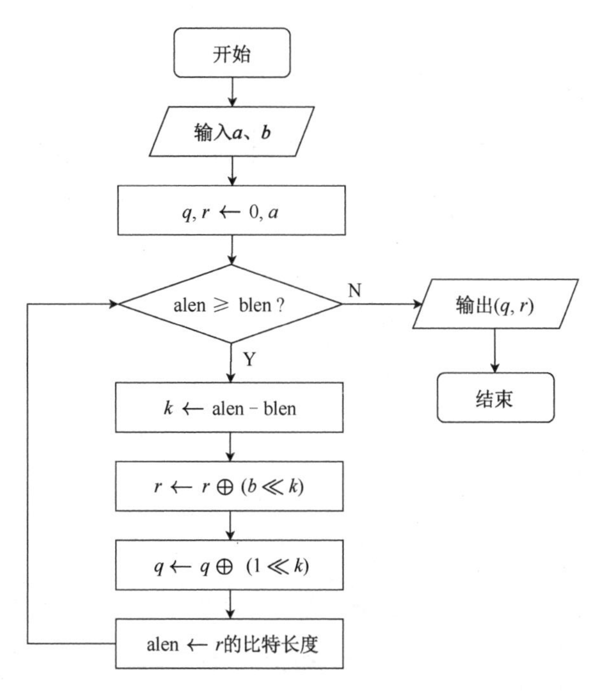

图 2-2　有限域除法运算流程图

2.1.2　有限域欧几里得算法

有限域欧几里得算法与整数欧几里得算法类似，只需注意这里的四则运算和取模运算都是定义在 $\mathrm{GF}\left(2^8\right)$ 上的。

求最大公约数的欧几里得算法的原理基于 $\gcd(a,b)=\gcd(b,a \bmod b)$。假设 $a=bq_0+r_0$，则有 $\gcd(a,b)=\gcd(b,r_0)$；同理可得，存在 q_1 和 r_1，使得 $b=r_0q_1+r_1$，则有 $\gcd(b,r_0)=\gcd(r_0,r_1)$。如此继续进行下去，直到 $r_n=0$，$\gcd(a,b)=\gcd(r_{n-1},r_n)=r_{n-1}$。

由上述原理得：对于任意两个整数 a、b，存在整数 x、y，使得等式 $ax+by=\gcd(a,b)$ 成立。

证明：由 $\gcd(a,b)=\gcd(b,a \bmod b)=d$

可得 $ax_0+by_0=d=bx_1+(a \bmod b)y_1$

又 $a \bmod b=a-\lfloor a/b \rfloor \cdot b$

则有 $ax_0+by_0=bx_1+\left(a-\lfloor a/b \rfloor \cdot b\right)\cdot y_1=ay_1+b\cdot\left(x_1-\lfloor a/b \rfloor y_1\right)$

由此可得递推公式 $x_0=y_1$，$y_0=x_1-\lfloor a/b \rfloor \cdot y_1$

当辗转相除算法停止时，有 $x_{n+1}r_{n-1}+y_{n-1}r_n=\gcd(r_{n-1},r_n)=r_n$，则 $x_{n+1}=1$，$y_{n+1}=0$，由此可最终反推出 x_0 和 y_0，证毕。

有限域上欧几里得算法的详细步骤为：

（1）输入 a、b；

（2）判断 $a \bmod b$ 是否为 0，若是，则转步骤（4），否则转步骤（3）；

（3）计算 $r = a \bmod b$，并令 $a = b$， $b = r$，转步骤（2）；

（4）输出 b，算法结束。

有限域欧几里得算法流程图如图 2-3 所示。

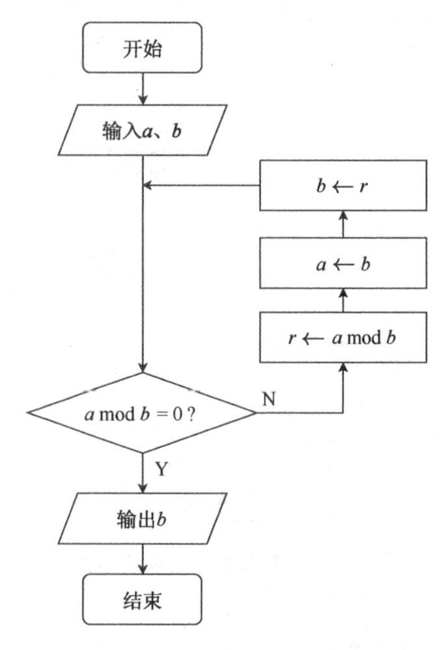

图 2-3　有限域欧几里得算法流程图

2.1.3　有限域求乘法逆元算法

在有限域 GF(p) 上，如果对任意一个非零元素 g，有 $ag + bp = \gcd(g, p) = 1$ 成立，则有 $a \cdot g \equiv 1 \pmod{p}$ 成立，因此 a 就是 g 的乘法逆元，求解 g 的乘法逆元的过程就是求解 a，因此可以利用扩展欧几里得算法求出元素的乘法逆元，有限域上的扩展欧几里得算法与整数扩展欧几里得算法类似，在此不再赘述。有限域求乘法逆元算法流程图如图 2-4 所示，其中 $g\_\text{exgcd}(a,b,p)$ 表示有限域上的扩展欧几里得算法，计算 d、x、y，满足 $ax + by \equiv d \pmod{p}$。

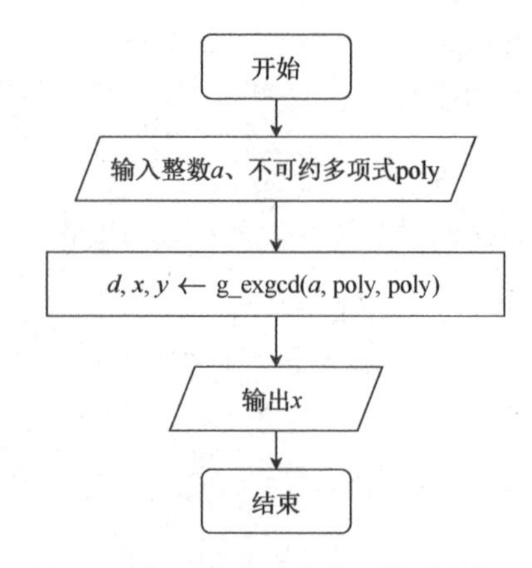

图 2-4　有限域求乘法逆元算法流程图

2.2　算法伪代码

2.2.1　有限域四则运算算法伪代码

本节介绍上述有限域四则运算的伪代码描述，伪代码清单如表 2-1 所示。

表 2-1　伪代码清单

算 法 序 号	算　　法	算 法 名
2.2.1.1	有限域加法和减法	add _ or _ minus
2.2.1.2	有限域乘法	mul
2.2.1.3	有限域乘法中的模乘运算	gmul
2.2.1.4	带余除法运算	div

1．加法和减法实现

在有限域四则运算中，加法即减法，算法的输入为有限域上的整数 a 和整数 b，输出为有限域上的加法结果 result 。伪代码如下：

算法 2.2.1.1　add _ or _ minus$(\boldsymbol{a},\boldsymbol{b})$

// 输入：整数 a 和整数 b

// 输出：加法结果 result

return　$a \oplus b$

2．乘法实现

有限域上乘法算法的输入为有限域上的整数 a 、整数 b 和不可约多项式 poly ，输出为有限域上的乘法结果 result 。伪代码如下：

算法 2.2.1.2　mul$(\boldsymbol{a},\boldsymbol{b},\textbf{poly})$

// 输入：整数 a 、整数 b 和不可约多项式 poly

// 输出：乘法结果 result

result $\leftarrow 0$

while　$b > 0$　**do**

　　if　$b \equiv 1 \pmod 2$　**then**

　　　　result $\leftarrow$ result $\oplus a$

　　$a \leftarrow \text{gmul}(a, \text{poly})$

　　$b \leftarrow b \gg 1$

　　return　result

其中， gmul 算法计算中间结果，用于处理在对 a 进行左移的过程中产生的溢出情况，其输入为有限域上的整数 a 和不可约多项式 poly 。伪代码如下：

算法 2.2.1.3 gmul(a,poly)

```
// 输入：整数a和不可约多项式poly
// 输出：中间结果mid
a ← a ≪ 1
if  a的最高位为1 then
    a ← a ⊕ poly
mid ← a ∧ 0xff
return  mid
```

3．带余除法实现

有限域上带余除法算法的输入为有限域上的整数a和整数b，输出为有限域上的带余除法结果(q,r)，其中q代表商，r代表余数。伪代码如下：

算法 2.2.1.4 div(a,b)

```
// 输入：整数a和整数b
// 输出：带余除法结果(q,r)
if  b = 0  then
    抛出异常
alen ← a的比特长度
blen ← b的比特长度
q,r ← 0,a
while  alen ≥ blen  do
    r ← r ⊕ (b ≪ (alen − blen))
    q ← q ⊕ (1 ≪ (alen − blen))
    alen ← r的比特长度
return  (q,r)
```

2.2.2 有限域欧几里得算法伪代码

本节介绍有限域上的欧几里得算法及扩展欧几里得算法的伪代码描述，伪代码清单如表2-2所示。

表2-2 伪代码清单

算法序号	算法	算法名
2.2.2.1	有限域上的欧几里得算法	g_gcd
2.2.2.2	有限域上的扩展欧几里得算法	g_exgcd

有限域上的欧几里得算法的输入为有限域上的整数a和整数b，输出为其最大公约数d。伪代码如下：

算法 2.2.2.1　g_gcd(a,b)

```
// 输入：整数 a 和整数 b
// 输出：最大公约数 d
if b = 0 then
    return a
else
    q,r ← div(a,b)
    return g_gcd(b,r)
```

有限域上的扩展欧几里得算法的输入为有限域上的整数 a 、整数 b 和不可约多项式 poly，输出为最大公约数 d 和 x、y，满足 $ax+by\equiv d \pmod{p}$。伪代码如下：

算法 2.2.2.2　g_exgcd(a,b)

```
// 输入：整数 a 、整数 b 和不可约多项式 poly
// 输出：三元组 (d,x,y)
if b = 0 then
    return (a,1,0)
else
    q,r ← div(a,b)
    d,x′,y′ ← g_exgcd(b,r,poly)
    x ← y′
    y ← x′ ⊕ mul(q,y′,poly)
    return (d,x,y)
```

在上面两个算法中，除使用有限域上的四则运算外，还使用了模运算。有限域上的四则运算实现可参考 2.2.1 节，有限域上的模运算可通过取 div 函数输出中的 r 实现。

2.2.3　有限域求乘法逆元算法伪代码

本节介绍有限域上的求乘法逆元算法的伪代码描述，伪代码清单如表 2-3 所示。

表 2-3　伪代码清单

算法序号	算　　法	算　法　名
2.2.3.1	有限域上的求乘法逆元算法	inv

正如原理部分所述，有限域上的求乘法逆元可直接调用有限域上的扩展欧几里得算法。算法的输入为有限域上的整数 a 和不可约多项式 poly，输出为整数 a 在有限域上的乘法逆元 x 。伪代码如下：

算法 2.2.3.1　inv(a,poly)

```
// 输入：整数 a 和不可约多项式 poly
```

// 输出：整数 a 在有限域上的乘法逆元 x

$d,x,y \leftarrow \mathrm{g\_exgcd}(a,\mathrm{poly},\mathrm{poly})$

return x

2.3 算法实现与测试

2.3.1 有限域四则运算算法实现与测试

针对有限域四则运算，本节给出使用 Python（版本大于 3.9）实现的源代码及相应的测试数据。源代码清单如表 2-4 所示。

表 2-4 源代码清单

文 件 名	包 含 算 法
gf.py	有限域加法、有限域减法、有限域乘法和有限域带余除法

针对各个算法，输入两个整数进行测试，其中不可约多项式固定为 0x11b，得到的运算结果见表 2-5。

表 2-5 有限域四则运算测试数据

有限域四则运算	输 入 数 据	运 算 结 果
有限域加法	0x89+0x4d	0xc4
	0xaf+0x3b	0x94
	0x35+0xc6	0xf3
有限域减法	0x89−0x4d	0xc4
	0x9f−0x3b	0xa4
	0x35−0xc6	0xf3
有限域乘法	0xce·0xf1	0xef
	0x70·0x99	0xa2
	0x00·0xa4	0x00
有限域带余除法	0xde/0xc6	(0x01, 0x18)
	0x8c/0x0a	(0x14, 0x04)
	0x3e/0xa4	(0x00, 0x3e)

2.3.2 有限域欧几里得算法实现与测试

针对有限域上的欧几里得算法，本节给出使用 Python（版本大于 3.9）实现的源代码及相应的测试数据。源代码清单如表 2-6 所示。

表 2-6　源代码清单

文 件 名	包 含 算 法
gf.py	有限域上的欧几里得算法及扩展欧几里得算法

针对各个算法，输入两个整数 a、b 进行测试，其中不可约多项式固定为 0x11b。欧几里得算法测试数据如表 2-7 所示。

表 2-7　欧几里得算法测试数据

输 入 数 据	$g\_gcd(a,b)$	$g\_exgcd(a,b)$
0x75, 0x35	0x01	(0x01, 0x19, 0x3c)
0xac, 0x59	0x03	(0x03, 0x07, 0x0f)
0xf8, 0x2e	0x02	(0x02, 0x04, 0x1b)
0x48, 0x99	0x09	(0x09, 0x02, 0x01)

2.3.3　有限域求乘法逆元算法实现与测试

针对有限域上的求乘法逆元算法，本节给出使用 Python（版本大于 3.9）实现的源代码及相应的测试数据。源代码清单如表 2-8 所示。

表 2-8　源代码清单

文 件 名	包 含 算 法
gf.py	有限域上的求乘法逆元算法

有限域上的求乘法逆元算法的输入为一个十六进制形式的整数，输出为该整数的乘法逆元，其中不可约多项式固定为 0x11b，测试数据如表 2-9 所示。

表 2-9　测试数据

输 入 数 据	乘 法 逆 元
0x8c	0xf7
0xbe	0x86
0x01	0x01
0x2d	0x44

2.4　思考题

（1）尝试编程实现 $GF(2^n)$ 上的乘法运算。

（2）尝试编程实现一般的有限域 $GF(p^n)$ 上的四则运算。

第 3 章　古典密码算法

密码学发展至今，其发展历史可分为 3 个阶段：古典密码学阶段、现代密码学阶段及公钥密码学阶段。古典密码学阶段所用的技术主要有两类：

（1）置换技术：明文的字符保持相同，但其顺序发生变化；

（2）代替技术：将明文的字符代替为其他字符而得到密文。

古典密码学使用的置换与代替技术是现代密码学中的基本方法，因此了解古典密码学的设计原理和分析方法有助于更好地理解现代密码学技术。本章将介绍几种常见的古典密码，除弗纳姆密码外的密码算法仅考虑 26 个小写字母。

3.1　算法原理

3.1.1　置换密码

置换密码又称换位密码，其特点是将明文中字符的顺序按照一定的规则进行重新排列，明文中的字符不会发生变化。简单的置换密码为栅栏密码和矩阵密码。

1. 栅栏密码

栅栏密码按照列的顺序将明文（去掉空格）写入 m 行 n 列的数组，按照行的顺序将字符重新组合得到密文。这种密码称为 m 栏栅栏密码，常见的 m 取 2，即 2 栏栅栏密码。栅栏密码算法流程图如图 3-1 所示。

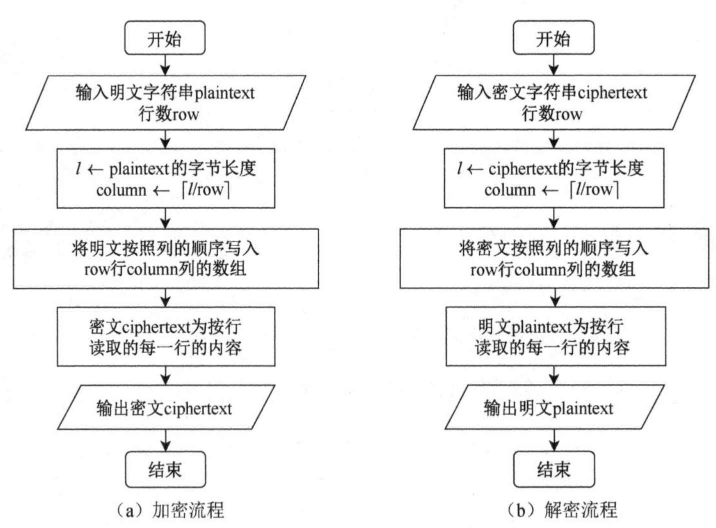

（a）加密流程　　（b）解密流程

图 3-1　栅栏密码算法流程图

下面举例说明。

当 $n=9$ ， $m=2$ 时，假设明文为：

the rail fence cipher

加密过程如下。

（1）将明文去掉空格后得到：therailfencecipher。

（2）将明文按照列的顺序写入 2 行 9 列的数组：

t	e	a	l	e	c	c	p	e
h	r	i	f	n	e	i	h	r

（3）按行读取每一行内容，得到栅栏密码的密文为：

tealeccpehrifneihr

解密过程如下。

（1）将密文分成 2 组：

tealeccpe

hrifneihr

（2）按照列的顺序将密文进行重新组合：th er ai lf en ce ci ph er。

（3）将组合后的字符拼接起来，根据语义添加相应的空格得到明文：the rail fence cipher。

在解密过程中，当明文长度不能完全填充数组时，需要首先计算出未能填充的空位数 p ，然后在按行写入密文的时候对最后一列的后 p 行不进行填充。

2．矩阵密码

矩阵密码用一个字符串作为密钥，密钥中的字符各不相同。当加密时，将明文按行写成矩阵，之后按照密文字符的顺序按列读出矩阵中的字符，得到密文。矩阵密码算法流程图如图 3-2 所示。

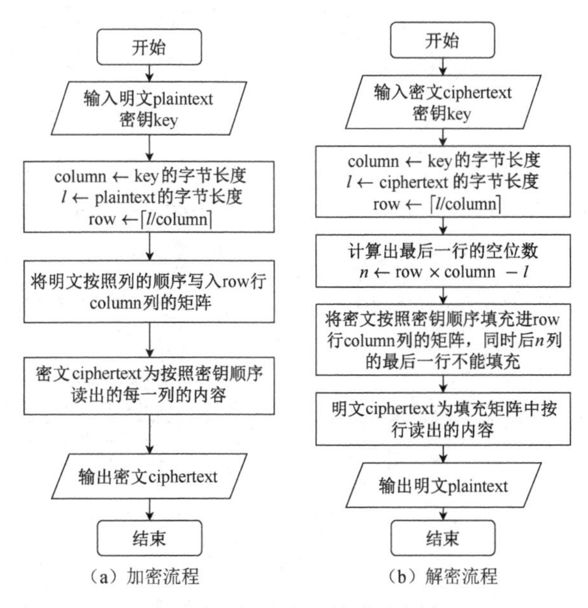

图 3-2　矩阵密码算法流程图

下面举例说明。

设密钥为 4231，明文为 this is an example。

第 1 步：开 4 个空列，一个密钥字符代表一个列。

第 2 步：将明文按照顺序依次填入列中。

t	h	i	s
i	s	a	n
e	x	a	m
p	l	e	

第 3 步：将填入的内容按照字符的顺序依次读取第 4、2、3、1 列，分别为 snm、hsxl、iaae、tiep，得到加密的密文为 snmhsxliaaetiep。

解密是加密的逆运算。首先计算出矩阵的行数，即明文长度除以密钥长度并向上取整，然后根据密钥顺序按列填充矩阵，在填充时需要计算出最后一行有多少空位未被填充，在本例中为 1，即在解密填充矩阵时最后一行的最后一列不能填充，最后按行读出，就是解密得到的明文。

3.1.2 代替密码

代替密码的特点是将明文中的字符按照一定的规则替换成其他字符。接下来由简至难介绍单表代替密码、仿射密码、维吉尼亚密码、弗纳姆密码和希尔密码。

1. 单表代替密码

单表代替密码将 26 个英文字母分别代替为其他字母，通信双方均持有一张固定的表，记录每个字母对应的代替字母。当加密时，将明文中的字母按照密钥表用对应的字母进行代替，得到相应的密文。单表代替密码算法流程图如图 3-3 所示。

下面给出一个单表代替密码的具体例子，表 3-1 所示为单表代替密码中的密钥表。

表 3-1　密钥表

a	b	c	d	e	f	g	h	i	j	k	l	m	n	o	p	q	r	s	t	u	v	w	x	y	z
e	t	a	o	i	n	s	h	r	d	l	c	u	m	w	f	y	p	b	v	k	j	x	q	z	g

明文“word”通过表 3-1 进行代替，所得到的密文为“xwpo”。

2. 仿射密码

仿射密码将所有字母对应至相应数值，利用加密函数对字母进行加密，将得到的结果转换为相应的字母得到密文，算法整体流程如图 3-4 所示。加密函数用以下公式表示：

$$E(x)=(ax+b) \bmod m$$

式中，a 和 m 互素，m 是字母的数量。

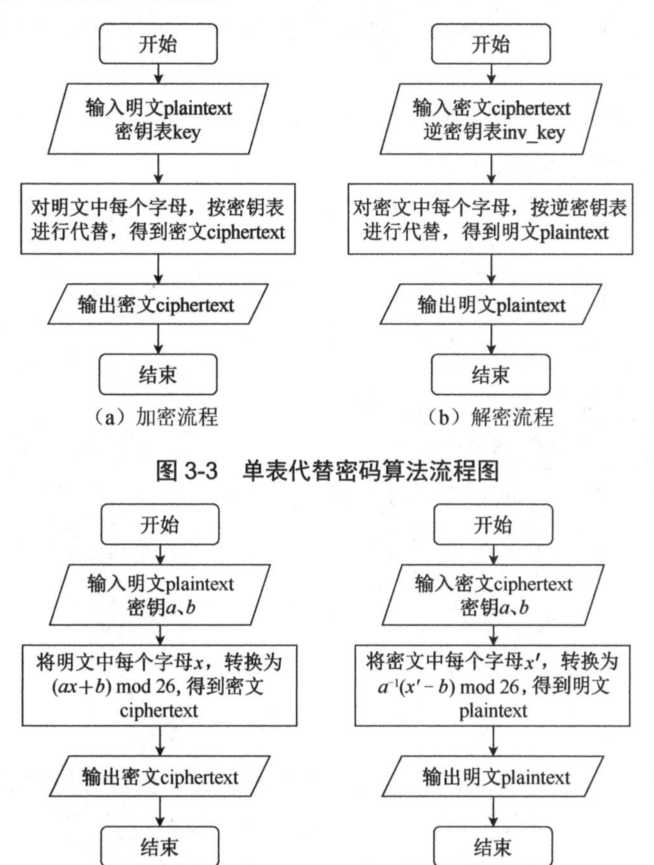

图 3-3　单表代替密码算法流程图

图 3-4　仿射密码算法流程图

用字母表 26 个字母作为编码系统，m 选取字母的数量 26，a 选取与 26 互素的数字 3，随机选取 b 为 6，则加密函数为 $E(x)=(3x+6) \bmod 26$。以明文 chinese 为例进行加密，表 3-2 所示为明密文及中间数据。

表 3-2　明密文及中间数据

明　　文	c	h	i	n	e	s	e
x	2	7	8	13	4	18	4
$3x+6$	12	27	30	45	18	60	18
$E(x)$	12	1	4	19	18	8	18
密　　文	m	b	e	t	s	i	s

因此，加密得到的密文为 mbetsis。

3．维吉尼亚密码

维吉尼亚密码使用一系列恺撒密码组成密码字母表，属于多表代替密码的一种简单形式。其中，恺撒密码是一种代替加密的技术，明文中的所有字母都在字母表上向后（或向前）按照一个固定数目进行偏移后被代替为密文。维吉尼亚密码使用多个密钥对明文中的字母进行偏移。

加密方法为$C=(P+K) \bmod 26$，其中C代表密文，P代表明文，K代表密钥。维吉尼亚密码算法流程图如图3-5所示。

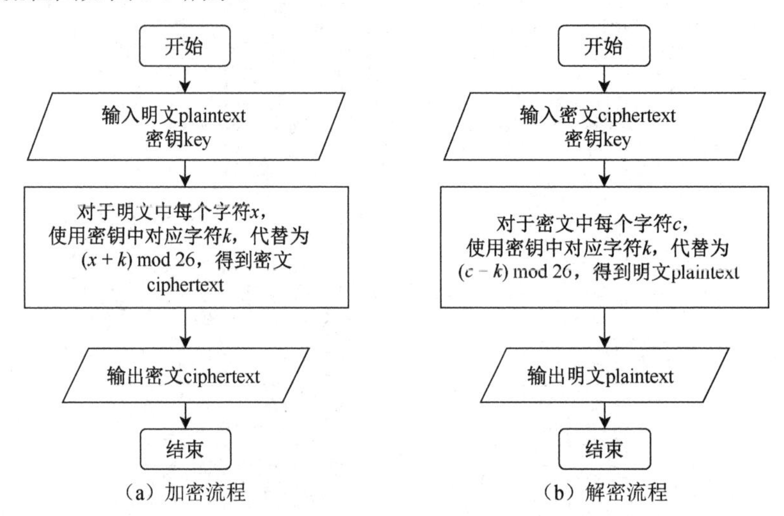

图3-5　维吉尼亚密码算法流程图

下面举一个例子来说明，明文为hello，密钥为thist，加密时的密钥及明密文如表3-3所示。

表3-3　加密时的密钥及明密文

明　文	h	e	l	l	o
密　钥	t	h	i	s	t
密　文	a	l	t	d	h

将26个字母表示成0～25的数字，明文中的h为7，密钥中的t为19，7经过加密之后为0，得到密文a。

当解密时，可通过公式$P=(C-K) \bmod 26$得到明文。

4．弗纳姆密码

弗纳姆（Vernam）加密法也称一次一密（One-Time-Pad）加密法，密钥长度和明文相同，运算过程基于二进制位而非字母，加密/解密过程为按位异或，可简明地表述为如下形式。

加密：$c_i = p_i \oplus k_i$

解密：$p_i = c_i \oplus k_i$

弗纳姆密码算法流程图如图 3-6 所示。

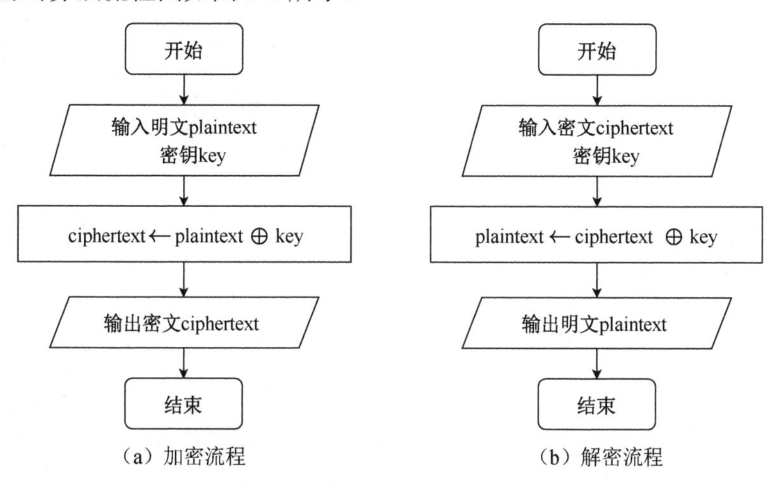

图 3-6 弗纳姆密码算法流程图

5. 希尔密码

希尔密码（Hill Cipher）是运用基本矩阵论原理的代替密码，由 Lester S. Hill 在 1929 年发明。26 个字母可表示为 0～25 的数字：$a=0,b=1,\cdots,z=25$，将明文转换为 n 维向量，与一个 $n\times n$ 的矩阵相乘，将得到的结果模 26 即可得到密文对应的数字，进而得到密文。希尔密码算法流程图如图 3-7 所示。

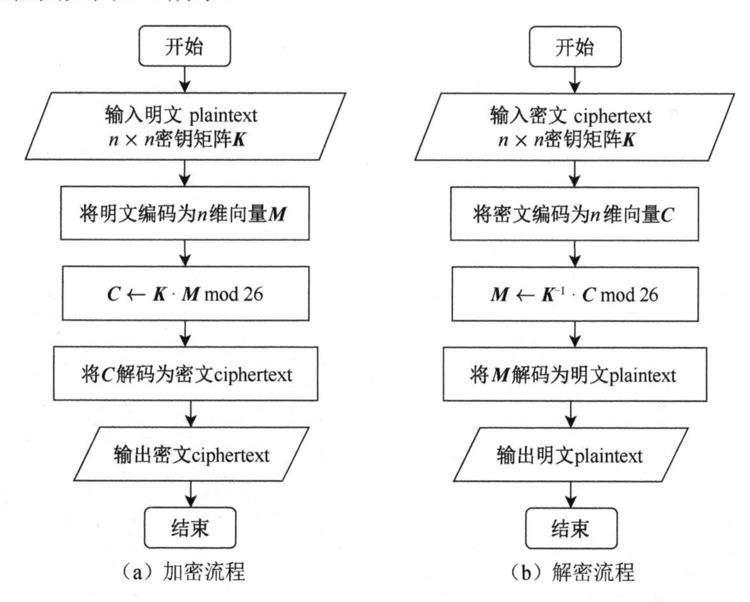

图 3-7 希尔密码算法流程图

假设对明文 act 加密：$a=0,c=2,t=19$，对其进行向量化得到 $\boldsymbol{M}=[0,2,19]^{\mathrm{T}}$。选取 3×3 的密钥矩阵为：

$$\begin{bmatrix} 6 & 24 & 1 \\ 13 & 16 & 10 \\ 20 & 17 & 15 \end{bmatrix}$$

加密过程如下：

$$\begin{bmatrix} 6 & 24 & 1 \\ 13 & 16 & 10 \\ 20 & 17 & 15 \end{bmatrix}\begin{bmatrix} 0 \\ 2 \\ 19 \end{bmatrix} \bmod 26 = \begin{bmatrix} 67 \\ 222 \\ 319 \end{bmatrix} \bmod 26 = \begin{bmatrix} 15 \\ 14 \\ 7 \end{bmatrix}$$

得到的密文为 poh。

当解密时，必须先算出密钥的逆矩阵，再根据加密的过程做逆运算。其中求逆矩阵是在模 26 意义下进行的，此时矩阵可逆等价于矩阵行列式的值与 26 互素。

6. 对 m 维希尔密码的已知明文攻击

由于希尔密码完全采用了线性代数的方法，因此较容易受到攻击，且很难抵抗已知明文攻击。已知明文攻击是一种攻击模式，指的是攻击者掌握了某段明文和对应的密文。

对 m 维希尔密码的已知明文攻击流程图如图 3-8 所示。

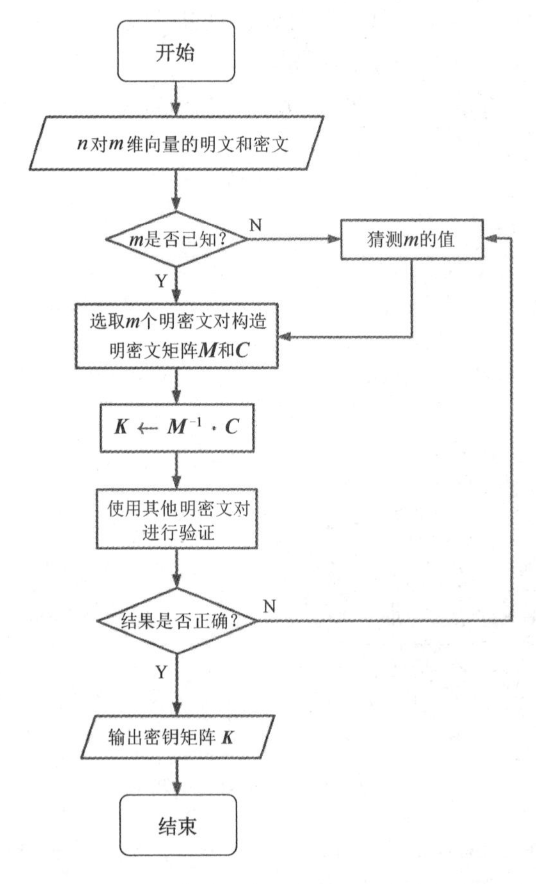

图 3-8　对 m 维希尔密码的已知明文攻击流程图

（1）假设已知的明密文对都为 m 维向量，则可知密钥为一个 $m\times m$ 的矩阵；

（2）根据公式 $\boldsymbol{M}\cdot\boldsymbol{K}=\boldsymbol{C}$ 可得，$\boldsymbol{K}=\boldsymbol{M}^{-1}\cdot\boldsymbol{C}$，选取 m 个明密文对构造明密文矩阵 $\boldsymbol{M}$、$\boldsymbol{C}$，则可通过线性计算获得密钥矩阵 $\boldsymbol{K}$；

（3）通过其他的明密文对验证密钥的正确性；

（4）当 m 未知的时候，需要多次猜测 m 的值进行验证。

3.2　算法伪代码

本节介绍上述算法的伪代码描述，伪代码清单如表 3-4 所示。

表 3-4　伪代码清单

算法序号	算　法	算法名
3.2.1.1	栅栏密码加密算法	railfence_encrypt
3.2.1.2	栅栏密码解密算法	railfence_decrypt
3.2.2.1	矩阵密码加密算法	matrix_encrypt
3.2.2.2	矩阵密码解密算法	matrix_decrypt
3.2.3.1	单表代替密码加密算法	mono_sub_encrypt
3.2.3.2	单表代替密码解密算法	mono_sub_decrypt
3.2.4.1	仿射密码加密算法	affine_encrypt
3.2.4.2	仿射密码解密算法	affine_decrypt
3.2.5.1	维吉尼亚密码加密算法	vigenere_encrypt
3.2.5.2	维吉尼亚密码解密算法	vigenere_decrypt
3.2.6.1	弗纳姆密码加密算法	vernam_encrypt
3.2.6.2	弗纳姆密码解密算法	vernam_decrypt
3.2.7.1	希尔密码加密算法	hill_encrypt
3.2.7.2	希尔密码解密算法	hill_decrypt
3.2.8.1	对 m 维希尔密码的已知明文攻击算法	hill_attack

3.2.1　栅栏密码算法伪代码

栅栏密码加密算法的输入为明文 plaintext 和行数 row，输出为加密后的密文 ciphertext，伪代码如下：

算法 3.2.1.1　railfence_encrypt(plaintext, row)

// 输入：明文 plaintext 和行数 row

// 输出：密文 ciphertext

ciphertext ← ε

l ← plaintext 的字节长度

column ← $\lceil l / \text{row} \rceil$

$\text{tmp}_{\text{row}\times\text{column}} \leftarrow \{\varepsilon\}_{\text{row}\times\text{column}}$

// 将明文按列写入

for $i \leftarrow 0$ **to** $l-1$ **do**
　　$\text{tmp}[i \bmod \text{row}][\lceil i/\text{row} \rceil] \leftarrow \text{plaintext}[i]$
// 按行读取
for $i \leftarrow 0$ **to** $\text{row}-1$ **do**
　　for $j \leftarrow 0$ **to** $\text{column}-1$ **do**
　　　　$\text{ciphertext} \leftarrow \text{ciphertext} \| \text{tmp}[i][j]$
return ciphertext

解密算法与加密算法类似，输入为密文 ciphertext 和行数 row，输出为解密后的明文 plaintext，伪代码如下：

算法 3.2.1.2　railfence_decrypt(ciphertext, row)
// 输入：密文 ciphertext 和行数 row
// 输出：明文 plaintext
$\text{plaintext} \leftarrow \varepsilon$
$l \leftarrow$ ciphertext 的字节长度
$\text{column} \leftarrow \lceil l/\text{row} \rceil$
$\text{pad\_num} \leftarrow \text{column} \cdot \text{row} - l$
$\text{tmp}_{\text{row}\times\text{column}} \leftarrow \{\varepsilon\}_{\text{row}\times\text{column}}$
$\text{mark} \leftarrow 0$
// 将密文按行写入 tmp 中，最后一列的最后 pad_num 行不能写入
for $i \leftarrow 0$ **to** $\text{row}-1$ **do**
　　for $j \leftarrow 0$ **to** $\text{column}-1$ **do**
　　　　if $j = \text{column}-1$ **and** $i \geqslant \text{row} - \text{pad\_num}$ **then**
　　　　　　continue
　　　　if $\text{mark} \geqslant l$ **then**
　　　　　　break
　　　　$\text{tmp}[i][j] \leftarrow \text{ciphertext}[\text{mark}]$
　　　　$\text{mark} \leftarrow \text{mark}+1$
// 按列读取
for $j \leftarrow 0$ **to** $\text{column}-1$ **do**
　　for $i \leftarrow 0$ **to** $\text{row}-1$ **do**
　　　　$\text{plaintext} \leftarrow \text{plaintext} \| \text{tmp}[i][j]$
return plaintext

3.2.2　矩阵密码算法伪代码

矩阵密码加密算法的输入为明文 plaintext 和密钥 key，输出为密文 ciphertext，伪代码

如下：

算法 3.2.2.1 $\textbf{matrix\_encrypt}(\textbf{plaintext}, \textbf{key})$

```
// 输入：明文 plaintext 和密钥 key
// 输出：密文 ciphertext
ciphertext ← ε
column ← key 的字节长度
l ← plaintext 的字节长度
row ← ⌈l / column⌉
tmp_{row×column} ← {ε}_{row×column}
// 将明文按列写入
for i ← 0 to l−1 do
    tmp[i mod row][⌈i / row⌉] ← plaintext[i]
// 按密钥读取每列
for j ← 0 to column−1 do
    for i ← 0 to row−1 do
        ciphertext ← ciphertext || tmp[i][key[j]−1]
return ciphertext
```

解密算法与加密算法类似，输入为密文 ciphertext 和密钥 key，输出为解密后的明文 plaintext，伪代码如下：

算法 3.2.2.2 $\textbf{matrix\_decrypt}(\textbf{ciphertext}, \textbf{key})$

```
// 输入：密文 ciphertext 和密钥 key
// 输出：明文 plaintext
plaintext ← ε
column ← key 的字节长度
l ← ciphertext 的字节长度
row ← ⌈l / column⌉
pad_num ← column · row − l
tmp_{row×column} ← {ε}_{row×column}
mark ← 0
// 将密文按密钥中的列数写入 tmp 中，最后一行的最后 pad_num 列不能写入
for j ← 0 to column−1 do
    for i ← 0 to row−1 do
        if i = row−1 and key[j]−1 ≥ column − pad_num then
            continue
        if mark ≥ l then
            break
```

$$tmp[i][key[j]-1] \leftarrow ciphertext[mark]$$

$mark \leftarrow mark + 1$

// 按行读取

for $i \leftarrow 0$ **to** $row - 1$ **do**

  for $j \leftarrow 0$ **to** $column - 1$ **do**

    $plaintext \leftarrow plaintext \| tmp[i][j]$

return plaintext

3.2.3 单表代替密码算法伪代码

单表代替密码加密算法的输入为明文 plaintext 和密钥表 key_box，输出为密文 ciphertext，伪代码如下：

算法 3.2.3.1 mono_sub_encrypt(plaintext,key_box)

// 输入：明文 plaintext 和密钥表 key_box

// 输出：密文 ciphertext

ciphertext $\leftarrow \varepsilon$

length $\leftarrow$ plaintext 的字节长度

for $i \leftarrow 0$ **to** $length - 1$ **do**

  $ciphertext \leftarrow ciphertext \| key\_box[plaintext[i]]$

return ciphertext

在解密算法中，输入为密文 ciphertext 和逆密钥表 inv_key_box，输出为明文 plaintext，伪代码如下：

算法 3.2.3.2 mono_sub_decrypt(ciphertext,inv_key_box)

// 输入：密文 ciphertext 和逆密钥表 inv_key_box

// 输出：明文 plaintext

plaintext $\leftarrow \varepsilon$

length $\leftarrow$ ciphertext 的字节长度

for $i \leftarrow 0$ **to** $length - 1$ **do**

  $plaintext \leftarrow plaintext \| inv\_key\_box[ciphertext[i]]$

return plaintext

3.2.4 仿射密码算法伪代码

仿射密码加密算法的输入为明文 plaintext 和密钥 a、b，输出为密文 ciphertext，伪代码如下：

```
算法 3.2.4.1  affine_encrypt(plaintext, a, b)
    // 输入：明文 plaintext 和密钥 a、b
    // 输出：密文 ciphertext
    if  a 和 26 不互素  then
        抛出异常
    ciphertext ← ε
    length ← plaintext 的字节长度
    for  i ← 0  to  length − 1  do
        将 plaintext[i] 编码为 ℤ26 上的元素 p_num
        c_num ← (a · p_num + b) mod 26
        将 c_num 解码为字符 c_char
        ciphertext ← ciphertext || c_char
    return  ciphertext
```

解密算法与加密算法类似，输入为密文 ciphertext 和密钥 a、b，输出为明文 plaintext，伪代码如下：

```
算法 3.2.4.2  affine_decrypt(ciphertext, a, b)
    // 输入：密文 ciphertext 和密钥 a、b
    // 输出：明文 plaintext
    if  a 和 26 不互素  then
        抛出异常
    plaintext ← ε
    length ← ciphertext 的字节长度
    ainv ← a^(-1) mod 26
    for  i ← 0  to  length − 1  do
        将 ciphertext[i] 编码为 ℤ26 上的元素 c_num
        p_num ← (ainv · (c_num − b)) mod 26
        将 p_num 解码为字符 p_char
        plaintext ← plaintext || p_char
    return  plaintext
```

3.2.5　维吉尼亚密码算法伪代码

维吉尼亚密码加密算法的输入为明文 plaintext 和密钥 key，输出为密文 ciphertext，伪代码如下：

```
算法 3.2.5.1  vigenere_encrypt(plaintext, key)
    // 输入：明文 plaintext 和密钥 key
```

// 输出：密文 ciphertext

ciphertext $\leftarrow \varepsilon$

plength $\leftarrow$ plaintext 的字节长度

klength $\leftarrow$ key 的字节长度

for $i \leftarrow 0$ **to** plength -1 **do**

  将 plaintext$[i]$ 编码为 $\mathbb{Z}_{26}$ 上的元素 p_num

  将 key$[i \bmod \text{klength}]$ 编码为 $\mathbb{Z}_{26}$ 上的元素 k_num

  c_num $\leftarrow$ (p_num + k_num) mod 26

  将 c_num 解码为字符 c_char

  ciphertext $\leftarrow$ ciphertext $\|$ c_char

return ciphertext

解密算法与加密算法类似，输入为密文 ciphertext 和密钥 key，输出为解密后的明文 plaintext，伪代码如下：

算法 3.2.5.2 vigenere_decrypt(ciphertext, key)

// 输入：密文 ciphertext 和密钥 key

// 输出：明文 plaintext

plaintext $\leftarrow \varepsilon$

clength $\leftarrow$ ciphertext 的字节长度

klength $\leftarrow$ key 的字节长度

for $i \leftarrow 0$ **to** clength -1 **do**

  将 ciphertext$[i]$ 编码为 $\mathbb{Z}_{26}$ 上的元素 c_num

  将 key$[i \bmod \text{klength}]$ 编码为 $\mathbb{Z}_{26}$ 上的元素 k_num

  p_num $\leftarrow$ (c_num − k_num) mod 26

  将 p_num 解码为字符 p_char

  plaintext $\leftarrow$ plaintext $\|$ p_char

return plaintext

3.2.6 弗纳姆密码算法伪代码

弗纳姆密码算法的加解密过程比较简单，在加密和解密时循环分别执行下述异或操作即可。加密算法的输入为明文 plaintext 和密钥 key，输出为密文 ciphertext，伪代码如下：

算法 3.2.6.1 vernam_encrypt(plaintext, key)

// 输入：明文 plaintext 和密钥 key

// 输出：密文 ciphertext

ciphertext $\leftarrow \varepsilon$

length $\leftarrow$ plaintext 的字节长度

```
    for i ← 0 to length − 1 do
        ciphertext ← ciphertext || (plaintext[i] ⊕ key[i])
    return ciphertext
```

解密算法与加密算法类似，输入为密文 ciphertext 和密钥 key，输出为解密后的明文 plaintext，伪代码如下：

算法 3.2.6.2　vernam_decrypt(ciphertext, key)

```
    // 输入：密文 ciphertext 和密钥 key
    // 输出：明文 plaintext
    plaintext ← ε
    length ← ciphertext 的字节长度
    for i ← 0 to length − 1 do
        plaintext ← plaintext || (ciphertext[i] ⊕ key[i])
    return plaintext
```

3.2.7　希尔密码算法伪代码

希尔密码加密算法的输入为明文 plaintext 和 $n \times n$ 的密钥矩阵 **key**，输出为加密后的密文 ciphertext，伪代码如下：

算法 3.2.7.1　hill_encrypt(plaintext, key)

```
    // 输入：明文 plaintext 和 n×n 的密钥矩阵 key
    // 输出：密文 ciphertext
    ciphertext ← ε
    size ← key 的维度 n
    l ← plaintext 的字节长度
    group_num ← ⌈l / size⌉
    将 plaintext 填充“x”至 size 的整数倍
    // 对明文进行分组操作
    for i ← 0 to group_num − 1 do
        plain_matrix ← 将每个明文分组转成 n×1 的矩阵
        cipher_matrix ← key · plain_matrix mod 26
        cipher_tmp ← 将密文矩阵转成字符串
        ciphertext ← ciphertext || cipher_tmp
    return ciphertext
```

解密算法的输入为密文 ciphertext 和 $n \times n$ 的密钥矩阵 **key**，输出为解密后的明文 plaintext，伪代码如下：

算法 3.2.7.2　hill_decrypt(ciphertext, key)

```
    // 输入：密文 ciphertext 和 n×n 的密钥矩阵 key
```

```
// 输出：明文 plaintext
plaintext ← ε
size ← key 的维度 n
l ← ciphertext 的字节长度
group_num ← ⌈l / size⌉
// 对明文进行分组操作
for i ← 0  to  group_num − 1  do
    cipher_matrix ←  将每个密文分组转成 n×1 的矩阵
    plain_matrix ← key^(-1) · cipher_matrix mod 26
    plain_tmp ← 将明文矩阵转成字符串
    plaintext ← plaintext || plain_tmp
return  plaintext
```

3.2.8 对 *m* 维希尔密码的已知明文攻击算法伪代码

对 m 维希尔密码的已知明文攻击算法的输入为密钥矩阵维度 m 、明文 plaintext 和对应的密文 ciphertext，其中明密文长度相等，并且 m 整除明文长度，输出为攻击得到的密钥矩阵 $\boldsymbol{k}$，伪代码如下：

算法 3.2.8.1　**hill_attack(*m*, plaintext, ciphertext)**

```
// 输入：密钥矩阵维度 m 、明文 plaintext 和密文 ciphertext
// 输出：密钥矩阵 k
l ← plaintext 的字节长度
group_num ← ⌈l / m⌉
将明密文按照每 m 字节一组分为 group_num 组
将明密文分组中的元素编码为 ℤ26 上的元素
寻找满足行列式值与 26 互素的 m 个明文分组排成的矩阵 plain_matrix
若找不到，则返回无解
将对应的密文分组排成矩阵 cipher_matrix
p_inv ← plain_matrix^(-1) mod 26
k ← p_inv · cipher_matrix mod 26
return  k
```

3.3 算法实现与测试

针对栅栏密码、矩阵密码、单表代替密码、仿射密码、维吉尼亚密码、弗纳姆密码、希尔密码的加密和解密算法，以及对 m 维希尔密码的已知明文攻击算法，本节给出使用

Python（版本大于 3.9）实现的源代码及相应的测试数据。若无特殊说明，本节中字符编码为$a=0,b=1,\cdots,z=25$，模数为 26，源代码清单如表 3-5 所示。

表 3-5　源代码清单

文 件 名	包 含 算 法
railfence.py	栅栏密码算法
matrix.py	矩阵密码算法
mono_sub.py	单表代替密码算法
affine.py	仿射密码算法
vigenere.py	维吉尼亚密码算法
vernam.py	弗纳姆密码算法
hill.py	希尔密码算法
hill_attack.py	对 *m* 维希尔密码的已知明文攻击算法

3.3.1　栅栏密码算法实现与测试

要求可自定义行数 *n*，当$n=3$和$n=2$时，给出栅栏密码算法参考测试数据，如表 3-6 所示。

表 3-6　栅栏密码算法参考测试数据

行　　数	明　　文	密　　文
$n=3$	whateverisworthdoingisworthdoingwell	wtesrdnsrdneherwtogwtoglaviohiiohiwl
$n=2$	healthismoreimportantthanwealth	hatimripratlnelhelhsoemotntawat

3.3.2　矩阵密码算法实现与测试

此处给出矩阵密码算法参考测试数据，如表 3-7 所示。

表 3-7　矩阵密码算法参考测试数据

密　　钥	明　　文	密　　文
6234517	matrixencryption	xtacntrryipmnoei
7345261	juzhenmimaceshi	mhzahceeumnsjii
231	helloworld	eorlwlhlod

3.3.3　单表代替密码算法实现与测试

表 3-8 给出两组不同代替表的单表代替密码算法参考测试数据。

表 3-8　单表代替密码算法参考测试数据

代 替 表	明　　文	密　　文
abcdefghijklmnopqrstuvwxyz	doyouwannatodance	wbobmkqggqjbwqgzs
qazwsxedcrfvtgbyhnujmiklop	youcanreallydance	obmzqgnsqvvowqgzs

3.3.4 仿射密码算法实现与测试

表 3-9 给出一组仿射密码算法参考测试数据。

表 3-9 仿射密码算法参考测试数据

密　钥	明　文	密　文
$k=5$，$b=5$	beijinghuanyingni	kztytsjobfsvtsjst
$k=7$，$b=10$	cryptography	yzwlneazklhw
$k=9$，$b=13$	seeyoutomorrow	txxvjlcjrjkkjd
$k=15$，$b=20$	thisisciphertext	tvkekeyklvcptcbt
$k=2$，$b=1$	abcdef	报错

3.3.5 维吉尼亚密码算法实现与测试

表 3-10 给出 3 组维吉尼亚密码算法参考测试数据。

表 3-10 维吉尼亚密码算法参考测试数据

密　钥	明　文	密　文
deceptive	wearediscoveredsaveyourself	zicvtwqngrzgvtwavzhcqyglmgj
chinese	weijiniyamimaceshi	ylqwmfmahuvqsggzpv
music	chenxingyinyueting	obwvzuhygkzsmmvuhy

3.3.6 弗纳姆密码算法实现与测试

表 3-11 给出 3 组弗纳姆密码算法参考测试数据。

表 3-11 弗纳姆密码算法参考测试数据

密　钥	明　文	密　文
0xf1571c94	0x01234567	0xf07459f3
0x3475bd76fa040b73	0x1b5e8b0f1bc78d23	0x2f2b3679e1c38650
0x2b24424b9fed596659842a4d0b007c61	0x41b267bc5905f0a3cd691b3ddaee149d	0x6a9625f7c6e8a9c594ed3170d1ee68fc

3.3.7 希尔密码算法实现与测试

表 3-12 给出具有不同阶数加密密钥的 3 组希尔密码算法参考测试数据。

表 3-12 希尔密码算法参考测试数据

密　钥	明　文	密　文
$\begin{bmatrix} 5 & 17 \\ 8 & 3 \end{bmatrix}$	loveyourself	haryuazdcakz

续表

密　钥	明　文	密　文
$\begin{bmatrix} 6 & 13 & 20 \\ 24 & 16 & 17 \\ 1 & 10 & 15 \end{bmatrix}$	ysezymxvv	qweasdzxc
$\begin{bmatrix} 25 & 25 & 0 & 20 \\ 0 & 9 & 6 & 7 \\ 0 & 0 & 21 & 6 \\ 0 & 0 & 6 & 1 \end{bmatrix}$	thisisnotciphertext	wdqouatotpylfldrrorh

3.3.8 对 *m* 维希尔密码的已知明文攻击算法实现与测试

表 3-13 给出 2 组对 *m* 维希尔密码的已知明文攻击算法参考测试数据。

表 3-13 对 *m* 维希尔密码的已知明文攻击算法参考测试数据

明　文	密　文	*m*	明文分组 *X*	密文分组 *C*	*X* 对应矩阵的逆	加密密钥 ***k***
youarepretty	kqoimjvdbokn	2	repr	mjvd	[7,6; 3,7]	[2,3; 1,22]
youaresocute	ywwpcwsogfuk	3	无解	无解	/	无解

3.4 思考题

（1）对于对 *m* 维希尔密码的已知明文攻击，请使用 *m* 表示该攻击的计算复杂度。

（2）矩阵密码和栅栏密码的加解密算法如何使用一维数组来实现？

第 4 章　DES 算法

DES（Data Encryption Standard）即数据加密标准，是一种对称加密方案。1977 年，DES 算法被美国联邦政府的国家标准局确定为联邦信息处理标准 46（FIPS PUB 46），并授权在非密级政府通信中使用，随后该算法在国际上广泛流传开来。DES 算法是分组加密算法的典型代表，同时是应用最为广泛的对称加密算法。

4.1　算法原理

4.1.1　DES 算法整体结构

DES 算法的明文按 64 位进行分组，密钥长 64 位（事实上 56 位参与 DES 运算，其他 8 位为校验位）。DES 算法中加密算法的整体结构如图 4-1 所示。

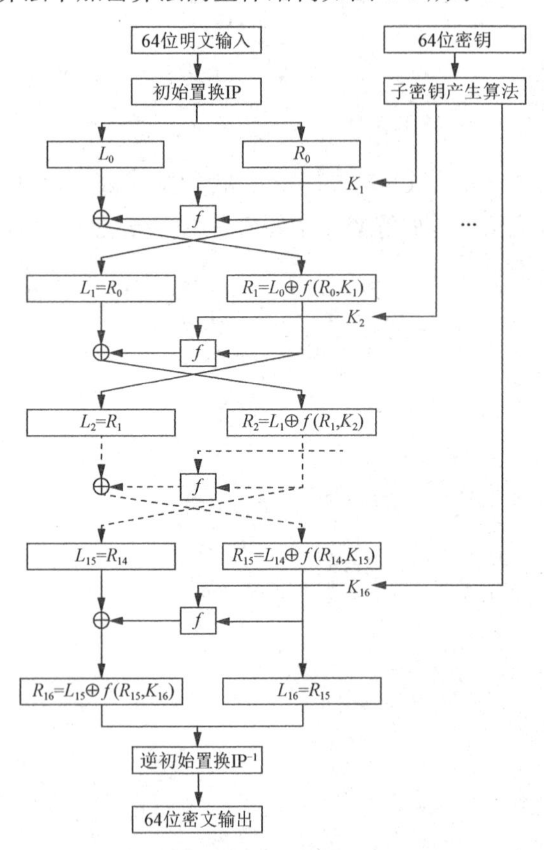

图 4-1　DES 算法中加密算法的整体结构

DES 算法对 64 位明文进行操作，首先利用初始置换IP将明文块的位进行换位。初始置换的作用在于打乱原有输入的 ASCII 码字划分的关系。经过初始置换IP之后，明文被分成左半部分 L_0 和右半部分 R_0，各 32 位。然后利用 f 函数进行 16 轮完全相同的迭代，其中在每轮加密中数据需要与相应的轮密钥进行异或运算。每轮加密函数可表示为：

$$L_i = R_{i-1},\ R_i = L_{i-1} \oplus f\left(R_{i-1}, K_i\right),\ i = 1,2,\cdots,16$$

特别需要注意的是，经过 16 轮迭代后，将 R_{16} 和 L_{16} 并在一起形成一个分组，进行逆初始置换。逆初始置换相当于初始置换的逆过程，逆初始置换的结果即算法的输出。DES 算法初始置换表 IP 和逆初始置换表 IP^{-1} 见表 4-1 和表 4-2。

表 4-1　DES 算法初始置换表 IP

58	50	42	34	26	18	10	2
60	52	44	36	28	20	12	4
62	54	46	38	30	22	14	6
64	56	48	40	32	24	16	8
57	49	41	33	25	17	9	1
59	51	43	35	27	19	11	3
61	53	45	37	29	21	13	5
63	55	47	39	31	23	15	7

表 4-2　DES 算法逆初始置换表 IP^{-1}

40	8	48	16	56	24	64	32
39	7	47	15	55	23	63	31
38	6	46	14	54	22	62	30
37	5	45	13	53	21	61	29
36	4	44	12	52	20	60	28
35	3	43	11	51	19	59	27
34	2	42	10	50	18	58	26
33	1	41	9	49	17	57	25

4.1.2　DES 算法详细结构

DES 加密算法的单轮运算结构如图 4-2 所示，包含扩展置换（E 盒）、非线性代换（S 盒）和线性置换（P 盒）3 种基本操作。线性置换后的结果首先与最初的 64 位分组的左半部分异或，然后左右部分交换，开始下一轮迭代。

1. 扩展置换

扩展置换的作用是将 32 位的消息扩展为 48 位的消息，扩展置换表如表 4-3 所示。

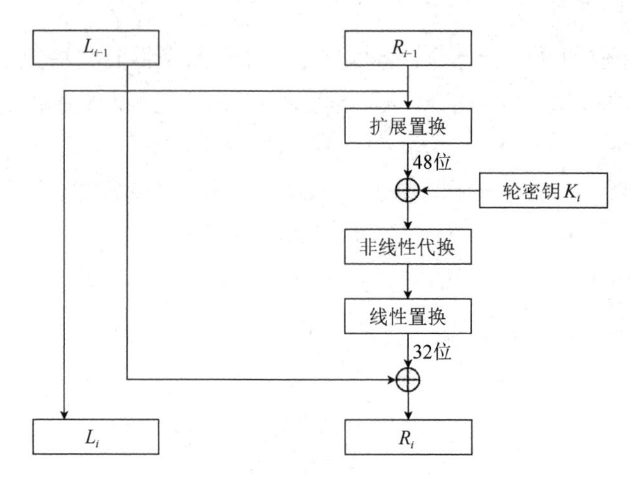

图 4-2　DES 加密算法的单轮运算结构

表 4-3　扩展置换表

32	1	2	3	4	5
4	5	6	7	8	9
8	9	10	11	12	13
12	13	14	15	16	17
16	17	18	19	20	21
20	21	22	23	24	25
24	25	26	27	28	29
28	29	30	31	32	1

其中，中间 4 列为 32 位，最左列和最右列为扩展位。在表 4-3 中的第 1 列重复了原数据的第 $4i$（$1 \leqslant i \leqslant 8$）位，向下平移；在表 4-3 中的第 6 列重复了原数据的第 $4i+1$（$0 \leqslant i \leqslant 7$）位，向上平移。

2．非线性代换

S 盒的作用是进行非线性代换。扩展置换之后得到了 48 位数据，分成 8 组，每组 6 位，输入 8 个不同的 S 盒，得到一个 32 位的输出。每个 S 盒都是 6 位输入、4 位输出的结构，其中第一位和最后一位作为行号，第 2～5 位作为列号。例如，S0 盒输入为$(010101)_2$，则行号为$(01)_2=1$，列号为$(1010)_2=10$，查 S0 盒得到 12，二进制数为$(1100)_2$。S 盒结构如表 4-4 所示。

表 4-4　S 盒结构

S0 盒															
14	4	13	1	2	15	11	8	3	10	6	12	5	9	0	7
0	15	7	4	14	2	13	1	10	6	12	11	9	5	3	8
4	1	14	8	13	6	2	11	15	12	9	7	3	10	5	0
15	12	8	2	4	9	1	7	5	11	3	14	10	0	6	13

续表

S1 盒															
15	1	8	14	6	11	3	4	9	7	2	13	12	0	5	19
3	13	4	7	15	2	8	14	12	0	1	10	6	9	11	5
0	14	7	11	10	4	13	1	5	8	12	6	9	3	2	15
13	8	10	1	3	15	4	2	11	6	7	12	0	5	14	9
S2 盒															
10	0	9	14	6	3	15	5	1	13	12	7	11	4	2	8
13	7	0	9	3	4	6	10	2	8	5	14	12	11	15	1
13	6	4	9	8	15	3	0	11	1	2	12	5	10	14	7
1	10	13	0	6	9	8	7	4	15	14	3	11	5	2	12
S3 盒															
7	13	14	3	0	6	9	10	1	2	8	5	11	12	4	15
13	8	11	5	6	15	0	3	4	7	2	12	1	10	14	9
10	6	9	0	12	11	7	13	15	1	3	14	5	2	8	4
3	15	0	6	10	1	13	8	9	4	5	11	12	7	2	14
S4 盒															
2	12	4	1	7	10	11	6	8	5	3	15	13	0	14	9
14	11	2	12	4	7	13	1	5	0	15	10	3	9	8	6
4	2	1	11	10	13	7	8	15	9	12	5	6	3	0	14
11	8	12	7	1	14	2	13	6	15	0	9	10	4	5	3
S5 盒															
12	1	10	15	9	2	6	8	0	13	3	4	14	7	5	11
10	15	4	2	7	12	9	5	6	1	13	14	0	11	3	8
9	14	15	5	2	8	12	3	7	0	4	10	1	13	11	6
4	3	2	12	9	5	15	10	11	14	1	7	6	0	8	13
S6 盒															
4	11	2	14	15	0	8	13	3	12	9	7	5	10	6	1
13	0	11	7	4	9	1	10	14	3	5	12	2	15	8	6
1	4	11	13	12	3	7	14	10	15	6	8	0	5	9	2
6	11	13	8	1	4	10	7	9	5	0	15	14	2	3	12
S7 盒															
13	2	8	4	6	15	11	1	10	9	3	14	5	0	12	7
1	15	13	8	10	3	7	4	12	5	6	11	0	14	9	2
7	11	4	1	9	12	14	2	0	6	10	13	15	3	5	8
2	1	14	7	4	10	8	13	15	12	9	0	3	5	6	11

3. 线性置换

P 盒的作用是进行简单的位置置换，经过 P 盒操作，32 位输入得到 32 位输出。置换后的结果首先与最初的 64 位分组的左半部分异或，然后左右部分交换，开始下一轮迭代。P 盒结构如表 4-5 所示。

表 4-5　P 盒结构

16	7	20	21	29	12	28	17
1	15	23	26	5	18	31	10
2	8	24	14	32	27	3	9
19	13	30	6	22	11	4	25

4.1.3　密钥选择

1．密钥扩展算法

在密钥扩展算法中，主要经过置换选择 PC-1、循环移位运算和置换选择 PC-2 的过程来生成所需要的 16 个轮密钥，如图 4-3 所示。

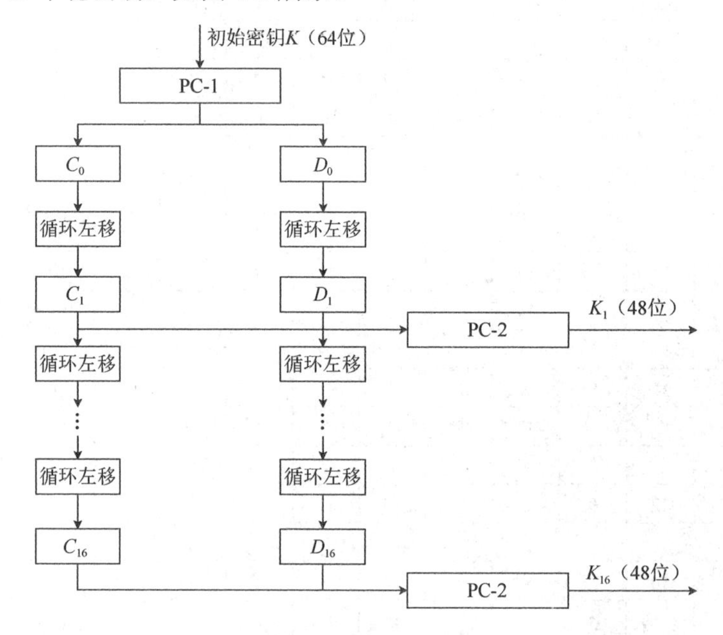

图 4-3　密钥扩展算法

在初始密钥中，第 8、16、24、32、40、48、56、64 位为奇偶校验位，其余为有效位，置换选择 PC-1（见表 4-6）的作用就是筛选出这 56 位有效位。PC-1 置换选择之后，初始密钥被分为两组，分别放入 C 寄存器和 D 寄存器中，先经过循环左移，移位次序表 LS 如表 4-7 所示，再经过置换选择 PC-2（见表 4-8）。其中，PC-2 把 C 寄存器中的第 9、18、22、25 位和 D 寄存器中的第 7、10、15、26 位删去，其余部分经过置换之后输出为 48 位的轮密钥。

表 4-6　置换选择 PC-1

57	49	41	33	25	17	9
1	58	50	42	34	26	18
10	2	59	51	43	35	27
19	11	3	60	52	44	36
63	55	47	39	31	23	15

续表

7	62	54	46	38	30	22
14	6	61	53	45	37	29
21	13	5	28	20	12	4

表 4-7 移位次序表 LS

轮 次	1	2	3	4	5	6	7	8	9	10	11	12	13	14	15	16
位 数	1	1	2	2	2	2	2	2	1	2	2	2	2	2	2	1

表 4-8 置换选择 PC-2

14	17	11	24	1	5	3	28
15	6	21	10	23	19	12	4
26	8	16	7	27	20	13	2
41	52	31	37	47	55	30	40
51	45	33	48	44	49	39	56
34	53	46	42	50	36	29	32

2. 弱密钥和半弱密钥

在选择密钥时需要注意，DES 算法中存在弱密钥（Weak Key）和半弱密钥（Semi-Weak Key）。

在密钥扩展算法中，若给定初始密钥 K，经过密钥扩展，$K_1 = K_2 = \cdots = K_{16}$，则称 K 为弱密钥。DES 算法中存在 8 组弱密钥，经过变换后会得到全 0、全 1 或 01 交替的 C_0 和 D_0，之后就会得到 16 个完全相同的轮密钥。在这种情况下，攻击者只需要将密文再次输入同一个加密算法，即可恢复出原始明文，即 $E_K\left(E_K\left(m\right)\right) = m$。

若给定初始密钥 K_0 和 K_1，两个密钥生成的轮密钥对称，则称 K_0 和 K_1 为半弱密钥，攻击者可以通过使用对称密钥 K_1 对 K_0 加密得到的密文再次进行加密，从而恢复出原始的明文，即 $E_{K_1}\left(E_{K_0}\left(m\right)\right) = m$。

4.2 算法伪代码

本节介绍上述算法的伪代码描述，伪代码清单如表 4-9 所示。

表 4-9 伪代码清单

算法序号	算 法	算 法 名
4.2.1.1	密钥扩展算法	des_key_schedule
4.2.2.1	加密算法	des_encrypt
4.2.2.2	初始置换	IP
4.2.2.3	f 函数	F
4.2.2.4	逆初始置换	inv_IP
4.2.3.1	解密算法	des_decrypt

续表

算法序号	算　法	算法名
4.2.4.1	扩展置换	E
4.2.4.2	非线性代换	S
4.2.4.3	线性置换	P

4.2.1　密钥扩展算法伪代码

获得初始密钥后，通过调用密钥扩展算法生成加解密时每一轮需要的轮密钥，算法输入为 64 位初始密钥 key，输出为 16 组 48 位的轮密钥数组 $\text{rk}[0,1,\cdots,15]$。算法伪代码如下，其中 LS 为移位次序表：

算法 4.2.1.1　$\textbf{des\_key\_schedule}(\textbf{key})$

// 输入：64 位初始密钥 key

// 输出：16 组 48 位轮密钥的数组 $\text{rk}[0,1,\cdots,15]$

$\text{effective\_key} \leftarrow \text{PC-1}(\text{key})$

$C \leftarrow \text{effective\_key}[0,1,\cdots,27]$

$D \leftarrow \text{effective\_key}[28,29,\cdots,55]$

for $i \leftarrow 0$ **to** 15 **do**

　　$C \leftarrow C \lll_{28} \text{LS}[i]$

　　$D \leftarrow D \lll_{28} \text{LS}[i]$

　　$\text{rk}[i] \leftarrow \text{PC-2}(C \| D)$

return rk

4.2.2　加密算法伪代码

获得轮密钥后，使用加密算法进行加密运算。算法输入为 64 位明文 plaintext 和轮密钥数组 $\text{rk}[0,1,\cdots,15]$，输出为 64 位密文 ciphertext 。算法伪代码如下：

算法 4.2.2.1　$\textbf{des\_encrypt}(\textbf{plaintext},\textbf{rk})$

// 输入：64 位明文 plaintext 和轮密钥数组 $\text{rk}[0,1,\cdots,15]$

// 输出：64 位密文 ciphertext

$\text{permuted\_input} \leftarrow \text{IP}(\text{plaintext})$

$L,R \leftarrow \text{permuted\_input}[0,1,\cdots,31],\text{permuted\_input}[32,33,\cdots,63]$

for $i \leftarrow 0$ **to** 15 **do**

　　$L,R \leftarrow R, L \oplus F(R,\text{rk}[i])$

$\text{preoutput} \leftarrow R \| L$

$\text{ciphertext} \leftarrow \text{inv\_IP}(\text{preoutput})$

```
return ciphertext
```

下面介绍加密算法中的主要子算法。

1. 初始置换

算法输入为 64 位消息 msg，输出为经过初始置换的 64 位消息 permuted_msg。算法伪代码如下，其中 ip 为初始置换表 IP：

算法 4.2.2.2 IP(msg)

```
// 输入：64 位消息 msg
// 输出：经过初始置换的 64 位消息 permuted_msg
permuted_msg ← ε
for i ← 0 to 63 do
    permuted_msg ← permuted_msg || msg[ip[i] − 1]
return permuted_msg
```

2. *f* 函数

算法输入为 32 位消息 R 和 48 位轮密钥 rki，输出为经过 f 函数的 32 位消息 R。算法伪代码如下：

算法 4.2.2.3 $F(R,\mathrm{rki})$

```
// 输入：32 位消息 R 和 48 位轮密钥 rki
// 输出：经过 f 函数的 32 位消息 R
R ← E(R)
R ← R ⊕ rki
R ← S(R)
R ← P(R)
return R
```

3. 逆初始置换

算法输入为 64 位消息 msg，输出为经过逆初始置换的 64 位消息 permuted_msg。算法伪代码如下，其中 inv_ip 为逆初始置换表 IP^{-1}：

算法 4.2.2.4 inv_IP(msg)

```
// 输入：64 位消息 msg
// 输出：经过逆初始置换的 64 位消息 permuted_msg
permuted_msg ← ε
for i ← 0 to 63 do
    permuted_msg ← permuted_msg || msg[inv_ip[i] − 1]
return permuted_msg
```

4.2.3 解密算法伪代码

DES 算法的解密算法与加密算法基本一致，主要区别在于使用的轮密钥顺序不同，算法输入为 64 位密文 ciphertext 和轮密钥数组 $\text{rk}[0,1,\cdots,15]$，输出为 64 位明文 plaintext 。算法伪代码如下：

算法 4.2.3.1 $\textbf{des\_decrypt}(\textbf{ciphertext},\textbf{rk})$

```
// 输入：64 位密文 ciphertext 和轮密钥数组 rk[0,1,…,15]
// 输出：64 位明文 plaintext
permuted_input ← IP(ciphertext)
L,R ← permuted_input[0,1,…,31],permuted_input[32,33,…,63]
for i←0 to 15 do
    L,R ← R,L ⊕ F(R,rk[15−i])
preoutput ← R || L
plaintext ← inv_IP(preoutput)
return plaintext
```

4.2.4 基本变换算法伪代码

1. 扩展置换

f 函数的第一步需要对输入的数据进行扩展置换，算法输入为 32 位消息 msg ，输出为经过扩展置换的 48 位消息 permuted_msg 。算法伪代码如下，其中 e 为 E 盒：

算法 4.2.4.1 $E(\textbf{msg})$

```
// 输入：32 位消息 msg
// 输出：经过扩展置换的 48 位消息 permuted_msg
permuted_msg ← ε
for i←0 to 47 do
    permuted_msg ← permuted_msg || msg[e[i]−1]
return permuted_msg
```

2. 非线性代换

f 函数的第二步需要与当前轮密钥进行异或运算，将运算后的结果输入 S 盒，进行非线性代换。算法输入为 48 位消息 msg ，输出为经过非线性代换的 32 位消息 substituted_msg 。算法伪代码如下，其中 s 为 S 盒：

算法 4.2.4.2 $S(\textbf{msg})$

```
// 输入：48 位消息 msg
// 输出：经过非线性代换的 32 位消息 substituted_msg
```

$\text{substituted\_msg} \leftarrow \varepsilon$

for $i \leftarrow 0$ **to** 7 **do**

　　$\text{current\_str} \leftarrow \text{msg}[6i, 6i+1, \cdots, 6i+5]$

　　将 $\text{current\_str}[0] \| \text{current\_str}[5]$ 编码为整数，记为 row

　　将 $\text{current\_str}[1, 2, \cdots, 4]$ 编码为整数，记为 col

　　将 $s[i][\text{row}][\text{col}]$ 编码为 4 位二进制串，记为 unit

　　$\text{substituted\_msg} \leftarrow \text{substituted\_msg} \| \text{unit}$

return substituted_msg

3. 线性置换

f 函数的第三步需要将 S 盒的输出结果进行线性置换，算法输入为 32 位消息 msg，输出为经过线性置换的 32 位消息 permuted_msg。算法伪代码如下，其中 p 为 P 盒：

算法 4.2.4.3　$P(\text{msg})$

// 输入：32 位消息 msg

// 输出：经过线性置换的 32 位消息 permuted_msg

$\text{permuted\_msg} \leftarrow \varepsilon$

for $i \leftarrow 0$ **to** 31 **do**

　　$\text{permuted\_msg} \leftarrow \text{permuted\_msg} \| \text{msg}[p[i]-1]$

return permuted_msg

4.3　算法实现与测试

针对 DES 算法，本节给出使用 Python（版本大于 3.9）实现的源代码及相应的测试数据，源代码清单如表 4-10 所示。其中，加解密算法的输入和输出均为字节串；密钥扩展算法的输入为字节串，输出为二进制串数组；其他中间函数的输入和输出均为二进制串。

表 4-10　源代码清单

文件名	包含算法
des.py	DES 算法

4.3.1　输入和输出

在 DES 算法中，密钥的选择会影响加密的效果。根据不同的密钥，有如下几组输入与输出的数据。

当密钥为正常密钥时，测试数据如表 4-11 所示。

表 4-11　正常密钥测试数据

正 常 密 钥	密　　钥	明　　文	密　　文
正常密钥 1	0x0f1571c947d9e859	0x02468aceeca86420	0xda02ce3a89ecac3b
正常密钥 2	0xfedcba9876543210	0x0123456789abcdef	0xed39d950fa74bcc4

当密钥为弱密钥时，测试数据如表 4-12 所示。

表 4-12　弱密钥测试数据

弱　密　钥	密　　钥	明　　文	密　　文
弱密钥 1	0x0101010101010101	0x0123456789abcdef	0x617b3a0ce8f07100
弱密钥 2	0xfefefefefefefefe	0x0123456789abcdef	0x6dce0dc9006556a3
弱密钥 3	0xe0e0e0e0f1f1f1f1	0x0123456789abcdef	0xee600bc06fc9ef23
弱密钥 4	0x1f1f1f1f0e0e0e0e	0x0123456789abcdef	0xdb958605f8c8c606
弱密钥 5	0x0000000000000000	0x0123456789abcdef	0x617b3a0ce8f07100
弱密钥 6	0xffffffffffffffff	0x0123456789abcdef	0x6dce0dc9006556a3
弱密钥 7	0xe1e1e1e1f0f0f0f0	0x0123456789abcdef	0xee600bc06fc9ef23
弱密钥 8	0x1e1e1e1e0f0f0f0f	0x0123456789abcdef	0xdb958605f8c8c606

当密钥为半弱密钥时，测试数据如表 4-13 所示。

表 4-13　半弱密钥测试数据

半 弱 密 钥	密　　钥	明　　文	密　　文	对 称 密 钥
半弱密钥 1	0x011f011f 010e010e	0x01234567 89abcdef	0x6f2c1f78 866ccf13	0x1f011f01 0e010e01
半弱密钥 2	0x01e001e 001f101f1	0x01234567 89abcdef	0x35c36826 9fefe0df	0xe001e001 f101f101
半弱密钥 3	0x01fe01fe 01fe01fe	0x01234567 89abcdef	0x8a76c7a4 f16d47ed	0xfe01fe01 fe01fe01
半弱密钥 4	0x1fe01fe0 0ef10ef1	0x01234567 89abcdef	0x7ccf6635 9f9dfc11	0xe01fe01f f10ef10e
半弱密钥 5	0x1ffe1ffe 0efe0efe	0x01234567 89abcdef	0x7cf3daad e2867199	0xfe1ffe1f fe0efe0e
半弱密钥 6	0xe0fee0fe f1fef1fe	0x01234567 89abcdef	0xedbfd1c6 6c29ccc7	0xfee0fee0 fef1fef1
半弱密钥 7	0x00ff00ff 00ff00ff	0x01234567 89abcdef	0x8a76c7a4 f16d47ed	0xff00ff00 ff00ff00
半弱密钥 8	0x1ee11ee 10ff00ff0	0x01234567 89abcdef	0x7ccf6635 9f9dfc11	0xe11ee11e f00ff00f
半弱密钥 9	0x00e100e1 00f000f0	0x01234567 89abcdef	0x35c36826 9fefe0df	0xe100e100 f000f000
半弱密钥 10	0x1eff1eff 0fff0fff	0x01234567 89abcdef	0x7cf3daad e2867199	0xff1eff1e ff0fff0f

续表

半弱密钥	密　钥	明　文	密　文	对称密钥
半弱密钥 11	0x001e001e 000f000f	0x01234567 89abcdef	0x6f2c1f78 866ccf13	0x1e001e00 0f000f00
半弱密钥 12	0xe1ffe1ff f0fff0ff	0x01234567 89abcdef	0xedbfd1c6 6c29ccc7	0xffe1ffe1 fff0fff0

4.3.2　中间数据

下面给出一组供参考的测试数据。

明文：0x02468aceeca86420。

密钥：0x0f1571c947d9e859。

中间数据如表 4-14 所示，其中描述中间数据时省略“0x”。

表 4-14　中间数据

轮　次	初始状态	扩展置换	轮密钥异或	S 盒	P 盒	异或并换位
初始置换 IP 结果			5a005a003cf03c0f			
第 1 轮	5a005a003cf03c0f	9f97a01f805e	e7a4633f5a2e	a32f11c2	e0d27245	3cf03c0fbad22845
第 2 轮	3cf03c0fbad22845	df56a415020b	f44cd0df4ad3	68f19445	a5198b2c	bad2284599e9b723
第 3 轮	bad2284599e9b723	cf3f53dae907	43478b5b3a1a	3c8ffec0	b17c13db	99e9b7230bae3b9e
第 4 轮	99e9b7230bae3b9e	057d5c1f7cfc	131a248c6a5c	db898f1c	dba8e16a	0bae3b9e42415649
第 5 轮	0bae3b9e42415649	a04202aac252	6e1f0372c977	5de8ecd0	131dc1df	4241564918b3fa41
第 6 轮	4241564918b3fa41	8f15a7ff4202	c4beeaed289e	525b4d47	d457a86a	18b3fa419616fe23
第 7 轮	18b3fa419616fe23	cac0ad7fc107	c334260ef096	f610babe	7fa286b3	9616fe2367117cf2
第 8 轮	9616fe2367117cf2	30e8a2bf97a4	41e5481cb78f	3a50cc14	570d022a	67117cf2c11bfc09
第 9 轮	67117cf2c11bfc09	e028f7ff8053	f2b24fccc790	5f33f61a	ef6ec09e	c11bfc09887fbc6c
第 10 轮	c11bfc09887fbc6c	4503ffdf8359	d93b99c1025a	7001f040	a1148282	887fbc6c600f7e8b
第 11 轮	887fbc6c600f7e8b	b0005ebfd456	126e1279b112	db529b29	7de9ec02	600f7e8bf596506e
第 12 轮	600f7e8bf596506e	7abcac2a035d	32cb8842a095	bd0088b6	138a4633	f596506e738538b8
第 13 轮	f596506e738538b8	3a7c0a9f15f0	fae1736fc1fb	01049b75	33307c20	738538b8c6a62c4e
第 14 轮	738538b8c6a62c4e	60d50c15825d	a5376f5b9477	40f8f6e0	253585cd	c6a62c4e56b0bd75
第 15 轮	c6a62c4e56b0bd75	aad5a15fabaa	090a23c3d2c2	498ff892	b34ed1c1	56b0bd7575e8fd8f
第 16 轮	56b0bd7575e8fd8f	babf517fbc5e	1cad5a32f07b	4becbad5	7339d9e5	75e8fd8f25896490
逆初始置换 IP^{-1} 结果			da02ce3a89ecac3b			

4.4　思考题

（1）DES 算法中如何将非线性代换与线性置换合并，从而提高计算效率？

（2）DES 算法的加密模式和解密模式有何区别？这样的特点对于软硬件实现有何影响？

第 5 章　AES 算法

5.1　算法原理

高级加密标准 AES（Advanced Encryption Standard）算法又称为 Rijndael 算法，由比利时著名密码学家 Joan Daemen 和 Vincent Rijmen 设计，是美国联邦政府采用的一种分组加密标准，用来替代之前的 DES，已被多方分析且广为使用。AES 由美国国家标准与技术研究院（NIST）于 2001 年 11 月 26 日发布于 FIPS PUB 197，并在 2002 年 5 月 26 日成为有效标准，目前是对称密钥加密中最流行的算法之一。

5.1.1　AES 算法整体结构

AES 算法整体结构为代替-置换网络（Substitution-Permutation Network，SPN）结构，算法的明文长度为 128 位，密钥长度为 128、192 或 256 位，分别称为 AES-128、AES-192 和 AES-256。AES 算法的整体结构如图 5-1 所示。

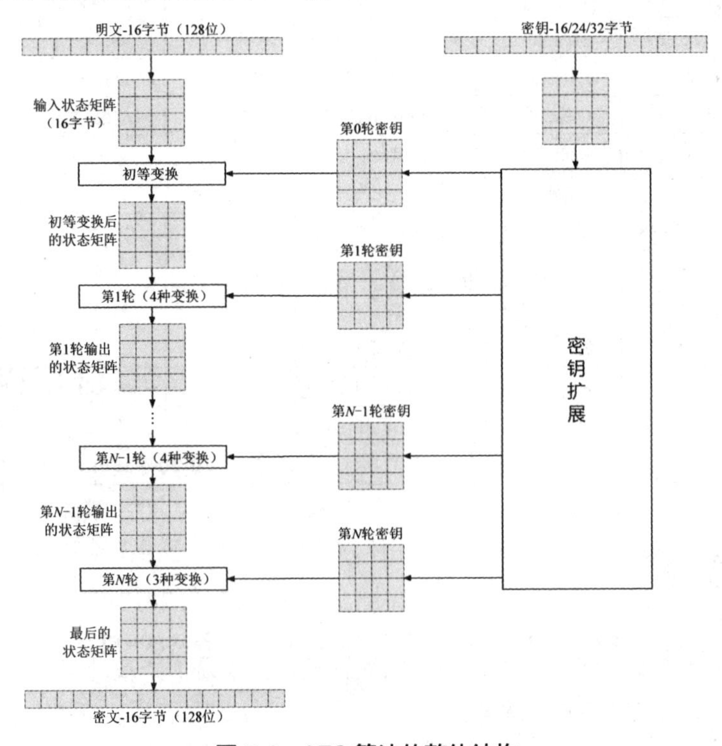

图 5-1　AES 算法的整体结构

AES 算法的处理单位是字节，128 位的明文分组 P 和密钥 K 被分成 16 字节（以 128 位的密钥为例），分别记为 $P = P_0P_1 \cdots P_{15}$ 和 $K = K_0K_1 \cdots K_{15}$。在一般情况下，明文分组用以字节为单位的 4×4 矩阵描述，称为状态矩阵。在算法的每一轮中，状态矩阵的内容不断变化，最后结果作为密文输出。

5.1.2　AES 算法详细结构

AES 加密算法涉及 4 种操作：字节代替（SubBytes）、行移位（ShiftRows）、列混淆（MixColumns）和轮密钥加（AddRoundKey）。在 AES-128 的加密算法中，共执行 10 次轮函数，前 9 次操作一样，包含以上 4 种操作，第 10 次没有列混淆。解密算法的每一步分别对应加密算法的逆操作，即解密时只需按照与加密时相反的顺序执行操作即可。除此之外，AES 加密算法的结构还支持一种与加密顺序相同的解密方式，本书中不再赘述，感兴趣的读者可自行查阅相关资料。加解密中每轮的轮密钥分别由种子密钥经过密钥扩展算法得到。AES 算法中 16 字节的明文、密文和轮密钥都用一个 4×4 的状态矩阵表示。AES 加解密算法的详细过程如图 5-2 所示。

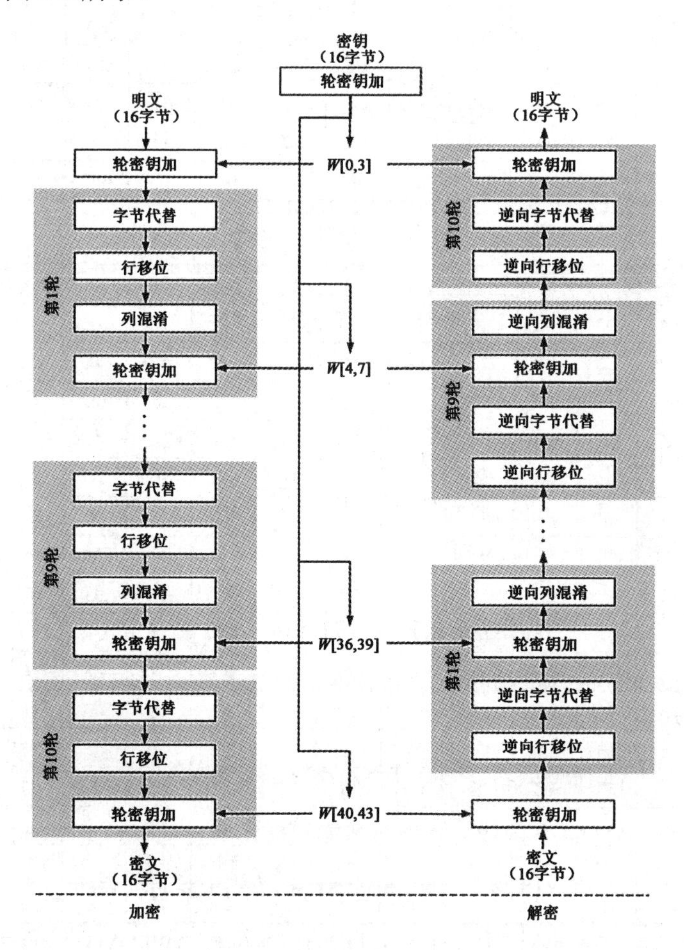

图 5-2　AES 加解密算法的详细过程

1．字节代替

字节代替的主要功能是通过 S 盒完成从一个字节到另一个字节的映射，表 5-1 所示为 S 盒结构，表 5-2 所示为逆 S 盒结构。S 盒用于提供密码算法的混淆性。

表 5-1　S 盒结构

	0	1	2	3	4	5	6	7	8	9	A	B	C	D	E	F
0	63	7C	77	7B	F2	6B	6F	C5	30	01	67	2B	FE	D7	AB	76
1	CA	82	C9	7D	FA	59	47	F0	AD	D4	A2	AF	9C	A4	72	C0
2	B7	FD	93	26	36	3F	F7	CC	34	A5	E5	F1	71	D8	31	15
3	04	C7	23	C3	18	96	05	9A	07	12	80	E2	EB	27	B2	75
4	09	83	2C	1A	1B	6E	5A	A0	52	3B	D6	B3	29	E3	2F	84
5	53	D1	00	ED	20	FC	B1	5B	6A	CB	BE	39	4A	4C	58	CF
6	D0	EF	AA	FB	43	4D	33	85	45	F9	02	7F	50	3C	9F	A8
7	51	A3	40	8F	92	9D	38	F5	BC	B6	DA	21	10	FF	F3	D2
8	CD	0C	13	EC	5F	97	44	17	C4	A7	7E	3D	64	5D	19	73
9	60	81	4F	DC	22	2A	90	88	46	EE	B8	63	DE	5E	0B	DB
A	E0	32	3A	0A	49	06	24	5C	C2	D3	AC	62	91	95	E4	79
B	E7	C8	37	6D	8D	D5	4E	A9	6C	56	F4	EA	65	7A	AE	08
C	BA	78	25	2E	1C	A6	B4	C6	E8	DD	74	1F	4B	BD	8B	8A
D	70	3E	B5	66	48	03	F6	0E	61	35	57	B9	86	C1	1D	9E
E	E1	F8	98	11	69	D9	8E	94	9B	1E	87	E9	CE	55	28	DF
F	8C	A1	89	0D	BF	E6	42	68	41	99	2D	0F	B0	54	BB	16

表 5-2　逆 S 盒结构

	0	1	2	3	4	5	6	7	8	9	A	B	C	D	E	F
0	52	09	6A	D5	30	36	A5	38	BF	40	A3	9E	81	F3	D7	FB
1	7C	E3	39	82	9B	2F	FF	87	34	8E	43	44	C4	DE	E9	CB
2	54	7B	94	32	A6	C2	23	3D	EE	4C	95	0B	42	FA	C3	4E
3	08	2E	A1	66	28	D9	24	B2	76	5B	A2	49	6D	8B	D1	25
4	72	F8	F6	64	86	68	98	16	D4	A4	5C	CC	5D	65	B6	92
5	6C	70	48	50	FD	ED	B9	DA	5E	15	46	57	A7	8D	9D	84
6	90	D8	AB	00	8C	BC	D3	0A	F7	E4	58	05	B8	B3	45	06
7	D0	2C	1E	8F	CA	3F	0F	02	C1	AF	BD	03	01	13	8A	6B
8	3A	91	11	41	4F	67	DC	EA	97	F2	CF	CE	F0	B4	E6	73
9	96	AC	74	22	E7	AD	35	85	E2	F9	37	E8	1C	75	DF	6E
A	47	F1	1A	71	1D	29	C5	89	6F	B7	62	0E	AA	18	BE	1B
B	FC	56	3E	4B	C6	D2	79	20	9A	DB	C0	FE	78	CD	5A	F4
C	1F	DD	A8	33	88	07	C7	31	B1	12	10	59	27	80	EC	5F
D	60	51	7F	A9	19	B5	4A	0D	2D	E5	7A	9F	93	C9	9C	EF
E	A0	E0	3B	4D	AE	2A	F5	B0	C8	EB	BB	3C	83	53	99	61
F	17	2B	04	7E	BA	77	D6	26	E1	69	14	63	55	21	0C	7D

S 盒和逆 S 盒分别为16×16的矩阵，完成一个从 8 位输入到 8 位输出的映射，输入的高 4 位对应的值作为行标，低 4 位对应的值作为列标。假设输入字节的值为$a=a_7a_6a_5a_4a_3a_2a_1a_0$，则输出值为$S[a_7a_6a_5a_4][a_3a_2a_1a_0]$，逆 S 盒同理。例如，字节 0x00 代替后的值为$S[0][0]=0\text{x}63$，通过S^{-1}（逆 S 盒）即可得到代替前的值，$S^{-1}[6][3]=0\text{x}00$。

2. 行移位

行移位是一种简单的左循环移位操作。当密钥长度为 128 位时，状态矩阵的第 0 行循环左移 0 字节，第 1 行循环左移 1 字节，第 2 行循环左移 2 字节，第 3 行循环左移 3 字节，如图 5-3 所示。

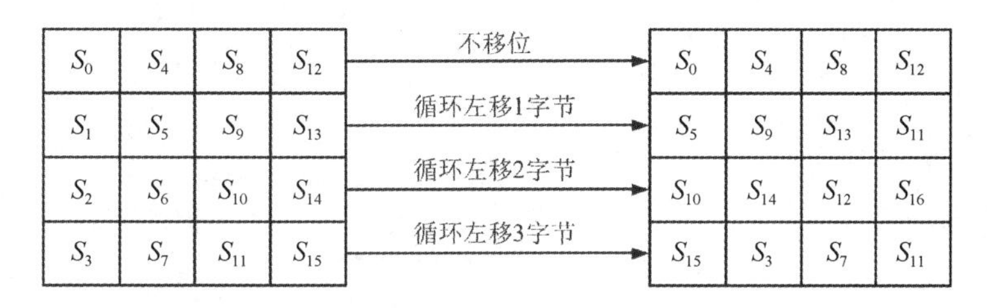

图 5-3 行移位示意图

3. 列混淆

列混淆通过矩阵相乘实现，经行移位后的状态矩阵与固定矩阵相乘，得到混淆后的状态矩阵，其公式为：

$$\begin{bmatrix} S'_{0,0} & S'_{0,1} & S'_{0,2} & S'_{0,3} \\ S'_{1,0} & S'_{1,1} & S'_{1,2} & S'_{1,3} \\ S'_{2,0} & S'_{2,1} & S'_{2,2} & S'_{2,3} \\ S'_{3,0} & S'_{3,1} & S'_{3,2} & S'_{3,3} \end{bmatrix} = \begin{bmatrix} 02 & 03 & 01 & 01 \\ 01 & 02 & 03 & 01 \\ 01 & 01 & 02 & 03 \\ 03 & 01 & 01 & 02 \end{bmatrix} = \begin{bmatrix} S_{0,0} & S_{0,1} & S_{0,2} & S_{0,3} \\ S_{1,0} & S_{1,1} & S_{1,2} & S_{1,3} \\ S_{2,0} & S_{2,1} & S_{2,2} & S_{2,3} \\ S_{3,0} & S_{3,1} & S_{3,2} & S_{3,3} \end{bmatrix}$$

状态矩阵中的第j列（$0\leqslant j\leqslant3$）的列混淆可以表示为：

$$S'_{0,j}=\left(2\cdot S_{0,j}\right)\oplus\left(3\cdot S_{1,j}\right)\oplus S_{2,j}\oplus S_{3,j}$$
$$S'_{1,j}=S_{0,j}\oplus\left(2\cdot S_{1,j}\right)\oplus\left(3\cdot S_{2,j}\right)\oplus S_{3,j}$$
$$S'_{2,j}=S_{0,j}\oplus S_{1,j}\oplus\left(2\cdot S_{2,j}\right)\oplus\left(3\cdot S_{3,j}\right)$$
$$S'_{3,j}=\left(3\cdot S_{0,j}\right)\oplus S_{1,j}\oplus S_{2,j}\oplus\left(2\cdot S_{3,j}\right)$$

其中，矩阵元素的乘法和加法都是定义在有限域$\text{GF}\left(2^8\right)$上的二元运算。

4. 轮密钥加

轮密钥加将 128 位轮密钥K_i与状态矩阵中的数据进行逐位异或操作，如图 5-4 所示。其中，轮密钥K_i共包含 4 个字：$W[4i]$、$W[4i+1]$、$W[4i+2]$、$W[4i+3]$，其中每个字为 32 位，包含 4 字节。轮密钥加过程可看作按字逐位异或的结果，也可看作字节级别或位（比特）级别的操作，即可看作S_0、S_1、S_2、S_3组成的 32 位与$W[4i]$的异或运算。轮密钥加的运算方法很简单，但能影响到状态矩阵中的每一位。

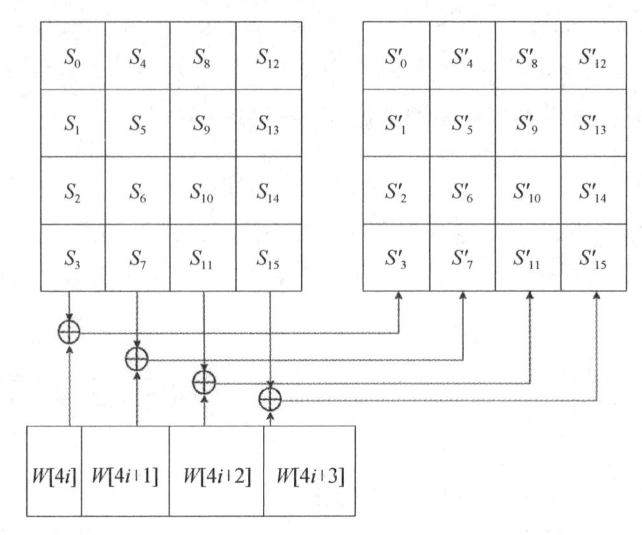

图 5-4　轮密钥加示意图

5. AES 算法的密钥扩展

本节主要介绍密钥扩展算法的具体过程，如图 5-5 所示。首先，将初始密钥输入一个 4×4 的状态矩阵。这个 4×4 矩阵的每一列的 4 字节组成一个字，矩阵 4 列的 4 个字依次命名为 $W[0]$、$W[1]$、$W[2]$ 和 $W[3]$，它们构成一个以字为单位的数组 W。然后，将数组 W 扩充 40 个新列，构成总共 44 列的扩展密钥数组。

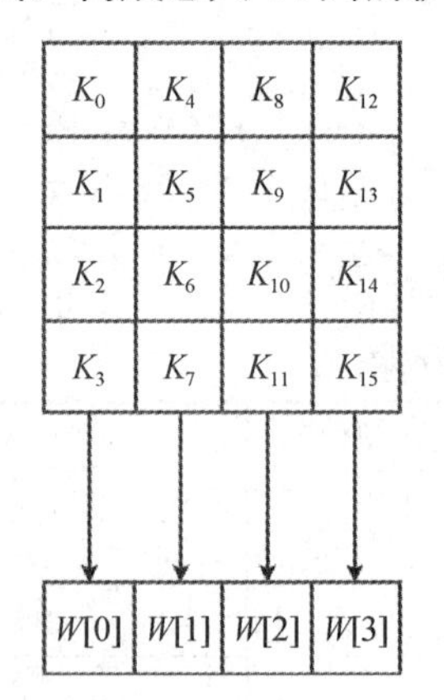

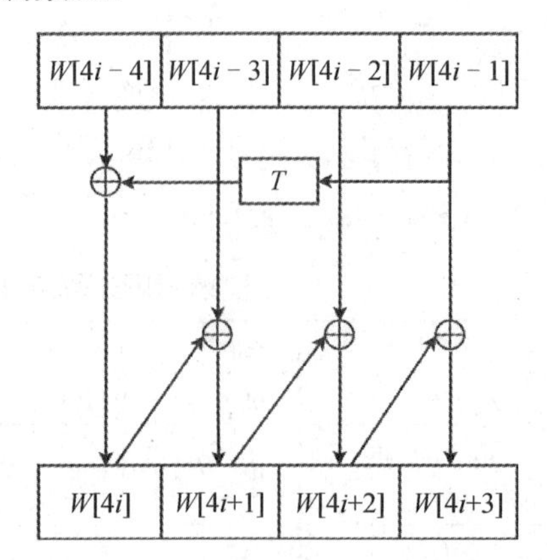

图 5-5　密钥扩展算法的具体过程

新列以如下递归方式产生。

（1）如果 i 不是 4 的倍数，那么第 i 列由如下公式确定：

$$W[i]=W[i-4]\oplus W[i-1]$$

（2）如果 i 是 4 的倍数，那么第 i 列由如下公式确定：

$$W[i]=W[i-4]\oplus T(W[i-1])$$

式中，T 是一个函数，输入一个字 $W[j]=[b_0,b_1,b_2,b_3]$，输出一个字。T 函数由 3 部分组成：

字循环、字代替和轮常量异或，作用分别如下。

（1）字循环：将一个字中的 4 字节循环左移 1 字节，即将输入字$[b_0,b_1,b_2,b_3]$变换成$[b_1,b_2,b_3,b_0]$。

（2）字代替：对字循环的结果使用 S 盒进行字节代替。

（3）轮常量异或：将前两步的结果与轮常量$\text{Rcon}[\lfloor j/4 \rfloor]$进行异或，轮常量$\text{Rcon}[\lfloor j/4 \rfloor]$是一个字，其值如表 5-3 所示。

表 5-3　轮常量表

j	1	2	3	4	5
$\text{Rcon}[j]$	01 00 00 00	02 00 00 00	04 00 00 00	08 00 00 00	10 00 00 00
j	6	7	8	9	10
$\text{Rcon}[j]$	20 00 00 00	40 00 00 00	80 00 00 00	1b 00 00 00	36 00 00 00

5.1.3　AES-192 算法与 AES-256 算法

AES 算法不仅支持 128 位的密钥，还支持 192 位和 256 位的密钥。相比于 AES-128 算法，AES-192 算法和 AES-256 算法仅在加解密的轮数和密钥扩展算法上有所区别。使用 Nb 、Nk 、Nr 3 个符号能够更清晰地描述 3 种算法之间的区别。其中，Nb 表示状态矩阵的列数，Nk 表示密钥的字长，Nr 表示加解密的轮数，取值如表 5-4 所示。

表 5-4　参数取值表

算　法	Nb	Nk	Nr
AES-128	4	4	10
AES-192	4	6	12
AES-256	4	8	14

在 AES-192 算法中，共有 13 个轮密钥，每个轮密钥的长度均为 128 位。AES-192 算法的所有轮密钥共需要 52 个字，这些字存放在数组元素$W[0],W[1],\cdots,W[51]$中。数组元素的计算方式与 128 位密钥的情况类似，区别在于轮常量异或部分，需要将前两步的结果与轮常量$\text{Rcon}[\lfloor j/\text{Nk} \rfloor]$进行异或。13 个轮密钥依次由$(W[0],W[1],W[2],W[3])$，$(W[4],W[5],W[6],W[7])$，…，$(W[48],W[49],W[50],W[51])$组成。

在 AES-256 算法中，需要 15 个轮密钥，这些轮密钥所需要的字存放在数组元素$W[0],W[1],\cdots,W[59]$中。数组元素的计算方式与 192 位密钥的情况类似，区别在于，当循环轮数i满足$i \equiv 4 \pmod{\text{Nk}}$时，$T$ 函数中不进行轮常量异或，仅进行字循环和字代替。15 个轮密钥依次由$(W[0],W[1],W[2],W[3])$，$(W[4],W[5],W[6],W[7])$，…，$(W[56],W[57],W[58],W[59])$组成。

5.2 算法伪代码

本节介绍上述算法的伪代码描述，伪代码清单如表 5-5 所示。

表 5-5 伪代码清单

算法序号	算　法	算 法 名
5.2.1.1	密钥扩展算法	aes_key_schedule
5.2.2.1	加密算法	aes_encrypt
5.2.3.1	解密算法	aes_decrypt
5.2.4.1	轮密钥加算法	add_round_key
5.2.4.2	字节代替算法	sub_bytes
5.2.4.3	行移位算法	shift_rows
5.2.4.4	列混淆算法	mix_columns
5.2.4.5	逆向字节代替算法	inv_sub_bytes
5.2.4.6	逆向行移位算法	inv_shift_rows
5.2.4.7	逆向列混淆算法	inv_mix_columns

5.2.1 密钥扩展算法伪代码

密钥扩展算法用于将初始密钥生成轮密钥组，算法输入为 128/192/256 位的初始密钥 key，输出为对应长度的轮密钥组 $w[0,1,\cdots,\mathrm{Nb}\cdot(\mathrm{Nr}+1)-1]$。算法伪代码如下：

算法 5.2.1.1 aes_key_schedule(key)

// 输入：初始密钥 key

// 输出：轮密钥组 $w[0,1,\cdots,\mathrm{Nb}\cdot(\mathrm{Nr}+1)-1]$

$i \leftarrow 0$

while $i < \mathrm{Nk}$ **do**

　　$w[i] \leftarrow \mathrm{key}[4i] \,\|\, \mathrm{key}[4i+1] \,\|\, \mathrm{key}[4i+2] \,\|\, \mathrm{key}[4i+3]$

　　$i \leftarrow i+1$

$i \leftarrow \mathrm{Nk}$

while $i < \mathrm{Nb}\cdot(\mathrm{Nr}+1)$ **do**

　　$\mathrm{temp} \leftarrow w[i-1]$

　　if $i \equiv 0 \pmod{\mathrm{Nk}}$ **then**

　　　　//下一行的循环左移以字节为单位

　　　　$\mathrm{temp} \leftarrow \mathrm{sub\_word}(\mathrm{temp} \lll_{32} 1) \oplus \mathrm{Rcon}[i/\mathrm{Nk}]$

　　else if $\mathrm{Nk} > 6$ **and** $i \equiv 4 \pmod{\mathrm{Nk}}$ **do**

$$\text{temp} \leftarrow \text{sub\_word}(\text{temp})$$
$$w[i] \leftarrow w[i-\text{Nk}] \oplus \text{temp}$$
$$i \leftarrow i+1$$

return w

其中，$\text{sub_word}(\cdot)$为一种字节代替算法，可参考加密算法部分字节代替的实现内容。

5.2.2 加密算法伪代码

获得轮密钥组后，可使用加密算法和解密算法进行加密或解密运算。当调用加密算法时，需要同时传入需要加密的明文，经过一系列运算输出密文。算法输入为 128 位的明文 plaintext 和轮密钥组 w，输出为 128 位的密文 ciphertext 。算法伪代码如下：

算法 5.2.2.1 $\textbf{aes\_encrypt}(\textbf{plaintext}, \boldsymbol{w})$

// 输入：明文 plaintext 和轮密钥组 w

// 输出：密文 ciphertext

将 plaintext 表示为 4×4 的状态矩阵 **state**

$\textbf{state} \leftarrow \text{add\_round\_key}(\textbf{state}, w[0,1,\cdots,\text{Nb}-1])$

for $r \leftarrow 1$ **to** $\text{Nr}-1$ **do**

　　$\textbf{state} \leftarrow \text{sub\_bytes}(\textbf{state})$

　　$\textbf{state} \leftarrow \text{shift\_rows}(\textbf{state})$

　　$\textbf{state} \leftarrow \text{mix\_columns}(\textbf{state})$

　　$\textbf{state} \leftarrow \text{add\_round\_key}(\textbf{state}, w[r\cdot\text{Nb}, r\cdot\text{Nb}+1,\cdots,(r+1)\cdot\text{Nb}-1])$

$\textbf{state} \leftarrow \text{sub\_bytes}(\textbf{state})$

$\textbf{state} \leftarrow \text{shift\_rows}(\textbf{state})$

$\textbf{state} \leftarrow \text{add\_round\_key}(\textbf{state}, w[\text{Nr}\cdot\text{Nb}, \text{Nr}\cdot\text{Nb}+1,\cdots,(\text{Nr}+1)\cdot\text{Nb}-1])$

将 **state** 表示为 128 位的字节串 ciphertext

return ciphertext

5.2.3 解密算法伪代码

解密算法是加密算法的逆过程，轮密钥使用顺序与加密过程完全相反，运算过程是加密时对应过程的逆运算。算法输入为 128 位的密文 ciphertext 和轮密钥组 w，输出为 128 位的明文 plaintext 。算法伪代码如下：

算法 5.2.3.1 $\textbf{aes\_decrypt}(\textbf{ciphertext}, \boldsymbol{w})$

// 输入：密文 ciphertext 和轮密钥组 w

// 输出：明文 plaintext

将 ciphertext 表示为 4×4 的状态矩阵 **state**

$\mathbf{state} \leftarrow \text{add\_round\_key}\left(\mathbf{state}, w\left[\text{Nr}\cdot\text{Nb}, \text{Nr}\cdot\text{Nb}+1, \cdots, (\text{Nr}+1)\cdot\text{Nb}-1\right]\right)$

for $r \leftarrow \text{Nr}-1$ **downto** 1 **do**

  $\mathbf{state} \leftarrow \text{inv\_shift\_rows}(\mathbf{state})$

  $\mathbf{state} \leftarrow \text{inv\_sub\_bytes}(\mathbf{state})$

  $\mathbf{state} \leftarrow \text{add\_round\_key}\left(\mathbf{state}, w\left[r\cdot\text{Nb}, r\cdot\text{Nb}+1, \cdots, (r+1)\cdot\text{Nb}-1\right]\right)$

  $\mathbf{state} \leftarrow \text{inv\_mix\_columns}(\mathbf{state})$

$\mathbf{state} \leftarrow \text{inv\_shift\_rows}(\mathbf{state})$

$\mathbf{state} \leftarrow \text{inv\_sub\_bytes}(\mathbf{state})$

$\mathbf{state} \leftarrow \text{add\_round\_key}\left(\mathbf{state}, w\left[0, 1, \cdots, \text{Nb}-1\right]\right)$

将 **state** 表示为 128 位的字节串 plaintext

return plaintext

5.2.4 基本变换算法伪代码

在加密算法中，共涉及 4 种基本变换算法：轮密钥加、字节代替、行移位和列混淆。而在解密算法中，涉及的 4 种基本变换算法分别是轮密钥加、逆向字节代替、逆向行移位和逆向列混淆。解密算法中的轮密钥加运算过程和加密算法中的轮密钥加相似，主要区别在于使用轮密钥的顺序不同。

1. 轮密钥加算法

轮密钥加算法的输入为 4×4 的状态矩阵 **state** 和轮密钥 **rk**，输出为经过轮密钥加处理的 4×4 状态矩阵 **state′**。算法伪代码如下：

算法 5.2.4.1 $\textbf{add\_round\_key}(\textbf{state}, \textbf{rk})$

// 输入：状态矩阵 **state** 和轮密钥 rk

// 输出：状态矩阵 **state′**

$\mathbf{state}' \leftarrow \mathbf{state} \oplus \text{rk}$

return **state′**

2. 字节代替算法

字节代替算法的输入为 4×4 的状态矩阵 **state**，输出为经过字节代替处理的 4×4 状态矩阵 **state′**。算法伪代码如下：

算法 5.2.4.2 $\textbf{sub\_bytes}(\textbf{state})$

// 输入：状态矩阵 **state**

// 输出：状态矩阵 **state′**

for $i \leftarrow 0$ **to** 3 **do**

  for $j \leftarrow 0$ **to** 3 **do**

$$\text{state}'[i][j] \leftarrow \text{s\_box}\left[\text{state}[i][j]\right]$$

return **state′**

3. 行移位算法

行移位算法的输入为 4×4 的状态矩阵 **state**，输出为经过行移位处理的 4×4 状态矩阵 **state′**。算法伪代码如下：

算法 5.2.4.3 shift_rows(state)

// 输入：状态矩阵 **state**

// 输出：状态矩阵 **state′**

$\text{state}'[0] \leftarrow \text{state}[0]$

$\text{state}'[1] \leftarrow \text{state}[1] \lll_4 1$ // 此时的循环左移以字节为单位

$\text{state}'[2] \leftarrow \text{state}[2] \lll_4 2$ // 此时的循环左移以字节为单位

$\text{state}'[3] \leftarrow \text{state}[3] \lll_4 3$ // 此时的循环左移以字节为单位

return state′

4. 列混淆算法

列混淆算法的输入为 4×4 的状态矩阵 **state**，输出为经过列混淆处理的 4×4 状态矩阵 **state′**，其中，乘法 ⊗ 为定义在 $GF(2^8)$ 上的乘法，不可约多项式为 0x11b。算法伪代码如下：

算法 5.2.4.4 mix_columns(state)

// 输入：状态矩阵 **state**

// 输出：状态矩阵 **state′**

$$\textbf{state}' \leftarrow \begin{bmatrix} 02 & 03 & 01 & 01 \\ 01 & 02 & 03 & 01 \\ 01 & 01 & 02 & 03 \\ 03 & 01 & 01 & 02 \end{bmatrix} \otimes \textbf{state}$$

return **state′**

5. 逆向字节代替算法

逆向字节代替算法的输入为 4×4 的状态矩阵 **state**，输出为经过逆向字节代替处理的 4×4 状态矩阵 **state′**。算法伪代码如下：

算法 5.2.4.5 inv_sub_bytes(state)

// 输入：状态矩阵 **state**

// 输出：状态矩阵 **state′**

for $i \leftarrow 0$ **to** 3 **do**

  for $j \leftarrow 0$ **to** 3 **do**

    $$\text{state}'[i][j] \leftarrow \text{inv\_s\_box}\left[\text{state}[i][j]\right]$$

return **state′**

6. 逆向行移位算法

逆向行移位算法的输入为 4×4 的状态矩阵 **state**，输出为经过逆向行移位处理的 4×4 状态矩阵 **state′**。算法伪代码如下：

算法 5.2.4.6 inv_shift_rows(state)

// 输入：状态矩阵 **state**

// 输出：状态矩阵 **state′**

$state'[0] \leftarrow state[0]$

$state'[1] \leftarrow state[1] \ggg_4 1$　　// 此时的循环右移以字节为单位

$state'[2] \leftarrow state[2] \ggg_4 2$　　// 此时的循环右移以字节为单位

$state'[3] \leftarrow state[3] \ggg_4 3$　　// 此时的循环右移以字节为单位

return state′

7. 逆向列混淆算法

逆向列混淆算法的输入为 4×4 的状态矩阵 **state**，输出为经过逆向列混淆处理的 4×4 状态矩阵 **state′**，其中，乘法 ⊗ 为定义在 $GF(2^8)$ 上的乘法，不可约多项式为 0x11b。算法伪代码如下：

算法 5.2.4.7 inv_mix_columns(state)

// 输入：状态矩阵 **state**

// 输出：状态矩阵 **state′**

$$\mathbf{state'} \leftarrow \begin{bmatrix} 0e & 0b & 0d & 09 \\ 09 & 0e & 0b & 0d \\ 0d & 09 & 0e & 0b \\ 0b & 0d & 09 & 0e \end{bmatrix} \otimes \mathbf{state}$$

return state′

5.3 算法实现与测试

针对 AES 算法，本节给出使用 Python（版本大于 3.9）实现的源代码及相应的测试数据，源代码清单如表 5-6 所示。其中，加解密算法的输入输出均为字节串；密钥扩展算法的输入为字节串，输出为矩阵数组。

表 5-6 源代码清单

文 件 名	包 含 算 法
aes.py	AES 算法
gf.py	有限域上的相关运算

AES 算法根据使用的密钥长度不同，通常可分为 AES-128、AES-192 和 AES-256，对应的密钥长度分别为 128 位、192 位和 256 位。下面给出测试数据，并以 AES-128 为例给出算法的中间数据。

5.3.1　输入和输出

根据密钥使用情况的不同，下面给出 5 组测试数据，包含输入的明文、密钥和输出的密文，如表 5-7 所示。其中，描述测试数据时使用十六进制串，省略“0x”。

表 5-7　测试数据

序　号	类　型	明　文	密　钥	密　文
1	AES-128	0123456789abcdeffedcba9876543210	0f1571c947d9e8590cb7add6af7f6798	ff0b844a0853bf7c6934ab4364148fb9
2		1b5e8b0f1bc78d238064826704830cdb	3475bd76fa040b73f521ffcd9de93f24	f3855216ddf401d4d42c8002e686c6e7
3		41b267bc5905f0a3cd691b3ddaee149d	2b24424b9fed596659842a4d0b007c61	fba4ec67020f1573ed28b47d7286d298
4	AES-192	1234567890123456789012345 67890ab	1234567890123456789012345678901234567890abcdef01	7ac22fc4ff307d71f551e7371ced99a9
5	AES-256	123456789012345678901234567890ab	1234567890123456789012345678901234567890123456789012345678 90abcd	d0faf1cff5c57ea32a075f99e8cb81eb

5.3.2　中间数据

针对 5.3.1 节给出的第 1 组测试数据，本节给出详细的中间数据，供读者参考，其中描述中间数据时使用十六进制串，省略“0x”。

使用算法为 AES-128，输入的明文、密钥和输出的密文分别如下。

明文：0x0123456789abcdeffedcba9876543210。

密钥：0x0f1571c947d9e8590cb7add6af7f6798。

密文：0xff0b844a0853bf7c6934ab4364148fb9。

首先给出由密钥扩展算法生成的轮密钥，如表 5-8 所示。

表 5-8　轮密钥数据

轮　次	轮 密 钥 值	轮　次	轮 密 钥 值
初始轮	0f 47 0c af 15 d9 b7 7f 71 e8 ad 67 c9 59 d6 98	第 6 轮	71 8c 83 cf c7 29 e5 a5 4c 74 ef a9 c2 bf 52 ef
第 1 轮	dc 9b 97 38 90 49 fe 81 37 df 72 15 b0 e9 3f a7	第 7 轮	37 bb 38 f7 14 3d d8 7d 93 e7 08 a1 48 f7 a5 4a
第 2 轮	d2 49 de e6 c9 80 7e ff 6b b4 c6 d3 b7 5e 61 c6	第 8 轮	48 f3 cb 3c 26 1b c3 be 45 a2 aa 0b 20 d7 72 38
第 3 轮	c0 89 57 b1 af 2f 51 ae df 6b ad 7e 39 67 06 c0	第 9 轮	fd 0e c5 f9 0d 16 d5 6b 42 e0 4a 41 cb 1c 6e 56
第 4 轮	2c a5 f2 43 5c 73 22 8c 65 0e a3 dd f1 96 90 50	第 10 轮	b4 ba 7f 86 8e 98 4d 26 f3 13 59 18 52 4e 20 76
第 5 轮	58 fd 0f 4c 9d ee cc 40 36 38 9b 46 eb 7d ed bd		

在加密过程中，状态矩阵的变化见表 5-9。

表 5-9 加密过程中间数据

轮 次	字节代替	行移位	列混淆	轮密钥加
初始轮				0e ce f2 d9 36 72 6b 2b 34 25 17 55 ae b6 4e 88
第 1 轮	ab 8b 89 35 05 40 7f f1 18 3f f0 fc e4 4e 2f c4	ab 8b 89 35 40 7f f1 05 f0 fc 18 3f c4 e4 4e 2f	b9 94 57 75 e4 8e 16 51 47 20 9a 3f c5 d6 f5 3b	65 0f c0 4d 74 c7 e8 d0 70 ff e8 2a 75 3f ca 9c
第 2 轮	4d 76 ba e3 92 c6 9b 70 51 16 9b e5 9d 75 74 de	4d 76 ba e3 c6 9b 70 92 9b e5 51 16 de 9d 75 74	8e 22 db 12 b2 f2 dc 92 df 80 f7 c1 2d c5 1e 52	5c 6b 05 f4 7b 72 a2 6d b4 34 31 12 9a 9b 7f 94
第 3 轮	4a 7f 6b bf 21 40 3a 3c 8d 18 c7 c9 b8 14 d2 22	4a 7f 6b bf 40 3a 3c 21 c7 c9 8d 18 22 b8 14 d2	b1 c1 0b cc ba f3 8b 07 f9 1f 6a c3 1d 19 24 5c	71 48 5c 7d 15 dc da a9 26 74 c7 bd 24 7e 22 9c
第 4 轮	a3 52 4a ff 59 86 57 d3 f7 92 c6 7a 36 f3 93 de	a3 52 4a ff 86 57 d3 59 c6 7a f7 92 de 36 f3 93	d4 11 fe 0f 3b 44 06 73 cb ab 62 37 19 b7 07 ec	f8 b4 0c 4c 67 37 24 ff ae a5 c1 ea e8 21 97 bc
第 5 轮	41 8d fe 29 85 9a 36 16 e4 06 78 87 9b fd 88 65	41 8d fe 29 9a 36 16 85 78 87 e4 06 65 9b fd 88	2a 47 c4 48 83 e8 18 ba 84 18 27 23 eb 10 0a f3	72 ba cb 04 1e 06 d4 fa b2 20 bc 65 00 6d e7 4e
第 6 轮	40 f4 1f f2 72 6f 48 2d 37 b7 65 4d 63 3c 94 2f	40 f4 1f f2 6f 48 2d 72 65 4d 37 b7 2f 63 3c 94	7b 05 42 4a 1e d0 20 40 94 83 18 52 94 c4 43 fb	0a 89 c1 85 d9 f9 c5 e5 d8 f7 f7 fb 56 7b 11 14
第 7 轮	67 a7 78 97 35 99 a6 d9 61 68 68 0f b1 21 82 fa	67 a7 78 97 99 a6 d9 35 68 0f 61 68 fa b1 21 82	ec 1a c0 80 0c 50 53 c7 3b d7 00 ef b7 22 72 e0	db a1 f8 77 18 6d 8b ba a8 30 08 4e ff d5 d7 aa
第 8 轮	b9 32 41 f5 ad 3c 3d f4 c2 04 30 2f 16 03 0e ac	b9 32 41 f5 3c 3d f4 ad 30 2f c2 04 ac 16 03 0e	b1 1a 44 17 3d 2f ec b6 0a 6b 2f 42 9f 68 f3 b1	f9 e9 8f 2b 1b 34 2f 08 4f c9 85 49 bf bf 81 89
第 9 轮	99 1e 73 f1 af 18 15 30 84 dd 97 3b 08 08 0c a7	99 1e 73 f1 18 15 30 af 97 3b 84 dd a7 08 08 0c	31 30 3a c2 ac 71 8c c4 46 65 48 eb 6a 1c 31 62	cc 3e ff 3b a1 67 59 af 04 85 02 aa a1 00 5f 34

续表

轮　次	字节代替	行移位	列混淆	轮密钥加
第 10 轮	4b b2 16 e2 32 85 cb 79 f2 97 77 ac 32 63 cf 18	4b b2 16 e2 85 cb 79 32 77 ac f2 97 18 32 63 cf		ff 08 69 64 0b 53 34 14 84 bf ab 8f 4a 7c 43 b9

在解密过程中，状态矩阵的变化见表 5-10。

表 5-10　解密过程中间数据

轮　次	逆向行移位	逆向字节代替	轮密钥加	逆向列混淆
初始轮			4b b2 16 e2 85 cb 79 32 77 ac f2 97 18 32 63 cf	
第 1 轮	4b b2 16 e2 32 85 cb 79 f2 97 77 ac 32 63 cf 18	cc 3e ff 3b a1 67 59 af 04 85 02 aa a1 00 5f 34	31 30 3a c2 ac 71 8c c4 46 65 48 eb 6a 1c 31 62	99 1e 73 f1 18 15 30 af 97 3b 84 dd a7 08 08 0c
第 2 轮	99 1e 73 f1 af 18 15 30 84 dd 97 3b 08 08 0c a7	f9 e9 8f 2b 1b 34 2f 08 4f c9 85 49 bf bf 81 89	b1 1a 44 17 3d 2f ec b6 0a 6b 2f 42 9f 68 f3 b1	b9 32 41 f5 3c 3d f4 ad 30 2f c2 04 ac 16 03 0e
第 3 轮	b9 32 41 f5 ad 3c 3d f4 c2 04 30 2f 16 03 0e ac	db a1 f8 77 18 6d 8b ba a8 30 08 4e ff d5 d7 aa	ec 1a c0 80 0c 50 53 c7 3b d7 00 ef b7 22 72 e0	67 a7 78 97 99 a6 d9 35 68 0f 61 68 fa b1 21 82
第 4 轮	67 a7 78 97 35 99 a6 d9 61 68 68 0f b1 21 82 fa	0a 89 c1 85 d9 f9 c5 e5 d8 f7 f7 fb 56 7b 11 14	7b 05 42 4a 1e d0 20 40 94 83 18 52 94 c4 43 fb	40 f4 1f f2 6f 48 2d 72 65 4d 37 b7 2f 63 3c 94
第 5 轮	40 f4 1f f2 72 6f 48 2d 37 b7 65 4d 63 3c 94 2f	72 ba cb 04 1e 06 d4 fa b2 20 bc 65 00 6d e7 4e	2a 47 c4 48 83 e8 18 ba 84 18 27 23 eb 10 0a f3	41 8d fe 29 9a 36 16 85 78 87 e4 06 65 9b fd 88
第 6 轮	41 8d fe 29 85 9a 36 16 e4 06 78 87 9b fd 88 65	f8 b4 0c 4c 67 37 24 ff ae a5 c1 ea e8 21 97 bc	d4 11 fe 0f 3b 44 06 73 cb ab 62 37 19 b7 07 ec	a3 52 4a ff 86 57 d3 59 c6 7a f7 92 de 36 f3 93
第 7 轮	a3 52 4a ff 59 86 57 d3 f7 92 c6 7a 36 f3 93 de	71 48 5c 7d 15 dc da a9 26 74 c7 bd 24 7e 22 9c	b1 c1 0b cc ba f3 8b 07 f9 1f 6a c3 1d 19 24 5c	4a 7f 6b bf 40 3a 3c 21 c7 c9 8d 18 22 b8 14 d2

续表

轮　　次	逆向行移位	逆向字节代替	轮密钥加	逆向列混淆
第8轮	4a 7f 6b bf 21 40 3a 3c 8d 18 c7 c9 b8 14 d2 22	5c 6b 05 f4 7b 72 a2 6d b4 34 31 12 9a 9b 7f 94	8e 22 db 12 b2 f2 dc 92 df 80 f7 c1 2d c5 1e 52	4d 76 ba e3 c6 9b 70 92 9b e5 51 16 de 9d 75 74
第9轮	4d 76 ba e3 92 c6 9b 70 51 16 9b e5 9d 75 74 de	65 0f c0 4d 74 c7 e8 d0 70 ff e8 2a 75 3f ca 9c	b9 94 57 75 e4 8e 16 51 47 20 9a 3f c5 d6 f5 3b	ab 8b 89 35 40 7f f1 05 f0 fc 18 3f c4 e4 4e 2f
第10轮	ab 8b 89 35 05 40 7f f1 18 3f f0 fc e4 4e 2f c4	0e ce f2 d9 36 72 6b 2b 34 25 17 55 ae b6 4e 88	01 89 fe 76 23 ab dc 54 45 cd ba 32 67 ef 98 10	

5.4 思考题

破解不包含S盒的AES加密（不进行字节代替），并使用伪代码或代码给出破解流程，思考以下问题：

（1）除S盒外的计算有什么性质？

（2）是否存在其他的计算方式可以实现行移位和列混淆的功能？

（3）至少需要多少组明密文对才可以实现上述攻击？

第 6 章　伪随机数算法

伪随机数在计算机科学领域应用广泛，密码算法的设计、样本的随机采样、仿真领域等都会用到伪随机数。密码学应用中的伪随机数可进一步分为弱伪随机数和强伪随机数。弱伪随机数通过软件算法，按照一定规律生成一个随机值；强伪随机数具有更强的随机数特性，能够满足随机性和不可预测性，更接近真正的随机数。伪随机数算法在密码学中用途广泛，可用于随机数生成、初始向量生成、密钥生成等。

6.1　算法原理

常见的随机数发生器包括真随机数发生器、伪随机数发生器和伪随机函数，如图 6-1 所示。真随机数发生器（True Random Number Generator，TRNG）输入一个真随机源（称为熵源），输出随机位流。伪随机数发生器（Pseudo-Random Number Generator，PRNG）输入一个固定值作为种子，用一个确定性算法输出伪随机位流。伪随机函数（Pseudo-Random Functions，PRF）输入种子和上下文相关特定值（如 ID），输出固定长度的伪随机位串。

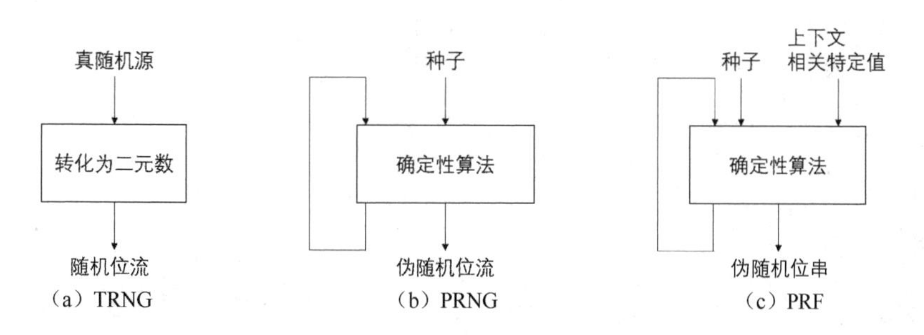

图 6-1　常见的随机数发生器

当伪随机数发生器或伪随机函数用于密码学应用时，基本要求是不知道种子的攻击者不能决定伪随机数，输出要求保密性、随机性、不可预测性和种子特定性。本章介绍两个常见的伪随机数发生器：BBS 发生器和梅森旋转发生器。

6.1.1　BBS 算法

Lenore Blum、Manuel Blum 和 Michael Shub 发明了简单有效的伪随机数发生器，称为 BBS（Blum Blum Shub）发生器，整体流程如图 6-2 所示，具体步骤如下：

（1）输入需要生成的二进制伪随机序列长度 len；

（2）选择两个大素数 p 和 q，满足 $p \equiv q \equiv 3 \pmod 4$，计算 $n = p \cdot q$；

（3）选择一个与 n 互素的随机整数 s；

（4）计算种子 $x_0 = s^2 \bmod n$；

（5）计算位序列。其中，第 i 个伪随机位是 x_i 的最低位，这里 $x_i = x_{i-1}^2 \bmod n$。

BBS 发生器被称为密码安全伪随机位发生器（CSPRBG），能通过续位测试。

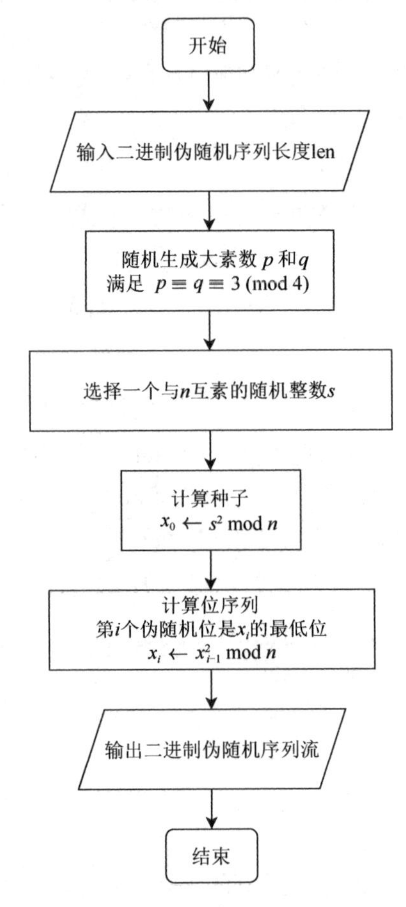

图 6-2　BBS 发生器流程图

6.1.2　梅森旋转算法

梅森旋转（Mersenne Twister）算法是一种伪随机数发生算法，由松本真和西村拓士在 1997 年提出，循环周期 $2^{19937}-1$ 是一个梅森素数，该算法也被称作 MT19937 算法。该算法利用线性旋转反馈移位寄存器产生伪随机数。对于 k 位二进制数，MT19937 算法在 $[0, 2^k - 1]$ 上生成离散型均匀分布的伪随机数，伪随机数质量高且算法运行速度快。常见的两种具体算法为基于 32 位的 MT19937-32 和基于 64 位的 MT19937-64。下面以 MT19937-32 为例介绍算法的具体流程。MT19937-32 固定参数如表 6-1 所示。

表 6-1 MT19937-32 固定参数

参数	值
(w,n,m,r)	(32, 624, 397, 31)
a	0x9908b0df
f	0x6c078965
(u,d)	(11, 0xffffffff)
(s,b)	(7, 0x9d2c5680)
(t,c)	(15, 0xefc60000)
l	18

MT19937-32 算法主要包括如下步骤，算法流程图如图 6-3 所示。

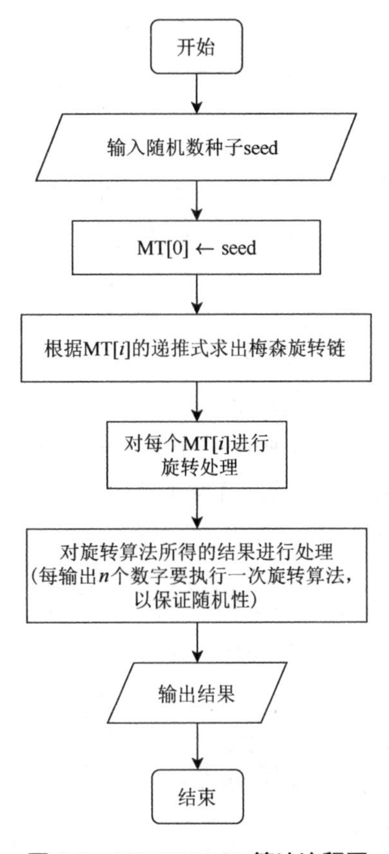

图 6-3 MT19937-32 算法流程图

（1）初始化，获得基础的梅森旋转链。首先将输入的随机数种子 seed 赋给 $\mathrm{MT}[0]$ 作为初始值，根据递推式求出梅森旋转链：

$$\mathrm{MT}[i]=f\cdot\left(\mathrm{MT}[i-1]\oplus\left(\mathrm{MT}[i-1]\gg(w-2)\right)\right)+i$$

（2）对梅森旋转链执行旋转算法。遍历梅森旋转链，对每个 $\mathrm{MT}[i]$，根据递推式进行旋转处理，其中 $\mathrm{lower\_mask}=(1\ll r)-1$，$\mathrm{upper\_mask}=(1\ll r)$：

$$x=\left(\mathrm{MT}[i]\wedge \mathrm{upper\_mask}\right)\|\left(\mathrm{MT}\left[(i+1)\bmod n\right]\wedge \mathrm{lower\_mask}\right)$$

$$\text{xA}=\begin{cases} x \gg 1 & x\text{最低位为}0 \\ (x \gg 1)\oplus a & x\text{最低位为}1 \end{cases}$$

$$\text{MT}[i]=\text{MT}[(i+m) \bmod n]\oplus \text{xA}$$

（3）对旋转算法所得的结果进行处理。设 x 是当前序列的下一个值，y 是一个临时中间变量，z 是算法的返回值，则处理过程如下：

$$y = x\oplus((x \gg u)\wedge d)$$

$$y = y\oplus((y \ll s)\wedge b)$$

$$y = y\oplus((y \ll t)\wedge c)$$

$$z = y\oplus(y \gg l)$$

6.2 算法伪代码

本节介绍上述算法的伪代码描述，伪代码清单如表 6-2 所示。

表 6-2 伪代码清单

算法序号	算法	算法名
6.2.1.1	BBS 算法	BBS
6.2.2.1	初始化算法	mersenne_seed_init
6.2.2.2	旋转算法	mersenne_twist
6.2.2.3	结果处理算法	mersenne_extract

6.2.1 BBS 算法伪代码

利用 BBS 算法生成伪随机数，算法的输入为需要输出的二进制伪随机序列的长度 len，输出为二进制伪随机序列流 rbs。算法伪代码如下：

算法 6.2.1.1 BBS(len)

// 输入：二进制伪随机序列的长度 len

// 输出：二进制伪随机序列流 rbs

$\text{rbs} \leftarrow \varepsilon$

随机生成大素数 p 和 q，满足 $p \equiv q \equiv 3 \pmod 4$

$n \leftarrow p \cdot q$

随机生成 s，满足 s 与 n 互素

$x \leftarrow s^2 \bmod n$

for $i \leftarrow 0$ **to** $\text{len}-1$ **do**

  $x \leftarrow x^2 \bmod n$

  $\text{rbs} \leftarrow \text{rbs} \| (x \bmod 2)$

return rbs

6.2.2　梅森旋转算法伪代码

梅森旋转算法在实现时可以分为 3 步，将其定义为一个类，类中定义了 3 个函数，分别对应算法的 3 个步骤。

1. 初始化算法

初始化算法的输入为一个随机数种子 seed 。算法伪代码如下：

算法 6.2.2.1　mersenne_seed_init(seed)

// 输入：随机数种子 seed

$\mathrm{mt}[0,1,\cdots,n-1] \leftarrow [0,0,\cdots,0]$

$\mathrm{mt}[0] \leftarrow \mathrm{seed}$

$\mathrm{mti} \leftarrow 0$

for $i \leftarrow 1$ **to** $n-1$ **do**

　　$\mathrm{mt}[i] \leftarrow f \cdot (\mathrm{mt}[i-1] \oplus (\mathrm{mt}[i-1] \gg (w-2))) + i$

　　$\mathrm{mt}[i] \leftarrow \mathrm{mt}[i] \wedge d$

2. 旋转算法

旋转算法用来处理初始化算法中得到的梅森旋转链，其中 $\mathrm{lower\_mask} = (1 \ll r) - 1$，$\mathrm{upper\_mask} = (1 \ll r)$。算法伪代码如下：

算法 6.2.2.2　mersenne_twist(seed)

for $i \leftarrow 0$ **to** $n-1$ **do**

　　$y \leftarrow (\mathrm{mt}[i] \wedge \mathrm{upper\_mask}) \| (\mathrm{mt}[(i+1) \bmod n] \wedge \mathrm{lower\_mask})$

　　if $x \equiv 1 \pmod 2$ **then**

　　　　$\mathrm{xA} \leftarrow (x \gg 1) \oplus a$

　　else

　　　　$\mathrm{xA} \leftarrow x \gg 1$

　　$\mathrm{mt}[i] \leftarrow \mathrm{mt}[(i+m) \bmod n] \oplus \mathrm{xA}$

3. 结果处理算法

结果处理算法对旋转算法的输出结果进行处理。该算法从 $\mathrm{mt}[\mathrm{mti}]$ 中提取出一个经过处理的值，每输出 n 个数字要执行一次旋转算法，以保证随机性。算法伪代码如下：

算法 6.2.2.3　mersenne_extract(seed)

// 输出：w 位长度的伪随机数 y

if $\mathrm{mti} = 0$ **then**

　　mersenne_twist()

$y \leftarrow \mathrm{mt}[\mathrm{mti}]$

$$y \leftarrow y \oplus \left(\left(y \gg u \right) \wedge d \right)$$
$$y \leftarrow y \oplus \left(\left(y \ll s \right) \wedge b \right)$$
$$y \leftarrow y \oplus \left(\left(y \ll t \right) \wedge c \right)$$
$$y \leftarrow y \oplus \left(y \gg l \right)$$
$$\text{mti} \leftarrow \left(\text{mti} + 1 \right) \bmod n$$
$$y \leftarrow y \wedge d$$
$$\textbf{return} \quad y$$

6.3 算法实现与测试

针对 BBS 算法、梅森旋转算法，本节给出使用 Python（版本大于 3.9）实现的源代码及相应的测试数据。源代码清单如表 6-3 所示。

表 6-3 源代码清单

文 件 名	包 含 算 法
BBS.py	BBS 算法
mersenne.py	梅森旋转算法

6.3.1 BBS 算法实现与测试

根据需要产生伪随机比特流位数 len，随机选取大素数 p、q 及随机数 s，输出随机比特流。下面给出 BBS 算法的 3 组测试数据，详见表 6-4，其中，rbs 数据使用二进制串进行描述，描述时省略“0b”。

表 6-4 BBS 算法测试数据

序 号	p	q	s	len	rbs
1	383	503	101355	20	11001110000100111010
2	300007	400031	43363	50	0111011111101010111001111 0011000100100010011111111
3	30000000091	40000000003	4295260440	100	10110100101111011111 10111101001000101111 11001010011101000111 01110100000101011011 10000000100011100101

针对表 6-4 给出的第 1 组测试数据，表 6-5 给出详细的中间数据，其中，rbs 数据使用二进制串进行描述，描述时省略“ 0b ”。

表 6-5　BBS 算法中间数据

序　　号	x	rbs_i	序　　号	x	rbs_i
0	20749		11	137922	0
1	143135	1	12	123175	1
2	177671	1	13	8630	0
3	97048	0	14	114386	0
4	89992	0	15	14863	1
5	174051	1	16	133015	1
6	80649	1	17	106065	1
7	45663	1	18	45870	0
8	69442	0	19	137171	1
9	186894	0	20	48060	0
10	177046	0			

6.3.2　梅森旋转算法实现与测试

根据输入 seed 的不同，下面给出梅森旋转算法的 3 组测试数据，包括 seed 的值与输出的前 10 个伪随机数（十进制数），详见表 6-6。

表 6-6　梅森旋转算法测试数据

seed	0	1234	65535
输出 1	2357136044	822569775	830396586
输出 2	2546248239	2137449171	4100689589
输出 3	3071714933	2671936806	1135755905
输出 4	3626093760	3512589365	3844769943
输出 5	2588848963	1880026316	4124698092
输出 6	3684848379	2629000564	3951842709
输出 7	2340255427	3373089432	2653898755
输出 8	3638918503	3312965625	3583752502
输出 9	1819583497	3349970575	3875248359
输出 10	2678185683	3696548529	3043937779

针对表 6-6 给出的 seed=0 的测试数据，表 6-7 给出详细的中间数据（十进制数）。

表 6-7　梅森旋转算法中间数据

梅森旋转链	初始化算法后	旋转算法后	输　　出
MT[0]	0	2443250962	2357136044
MT[1]	1	1093594115	2546248239
MT[2]	1812433255	1878467924	3071714933
MT[3]	1900727105	2709361018	3626093760
MT[4]	1208447044	1101979660	2588848963
MT[5]	2481403966	3904844661	3684848379

续表

梅森旋转链	初始化算法后	旋转算法后	输　出
MT[6]	4042607538	676747479	2340255427
MT[7]	337614300	2085143622	3638918503
MT[8]	3232553940	1056793272	1819583497
MT[9]	1018809052	3812477442	2678185683

6.4 思考题

（1）在 BBS 算法中，当使用 Miller-Rabin 素性检测算法生成大素数 p 和 q 时，为了权衡检测效率和正确性，一般如何选择检测次数 k？

（2）梅森旋转算法在初始化时，选取 seed 值应该注意些什么？

第 7 章　RC4 算法

7.1　算法原理

RC4（Rivest Cipher 4）是 Ron Rivest 在 1987 年为 RSA 公司设计的一种对称加密算法。不同于 DES 等分组加密算法，RC4 不对明文进行分组处理，而以字节流的方式依次加密明文中的每个字节，解密时依次对密文中的每个字节解密。RC4 算法简单，运行速度快，且密钥长度可变，可变范围为 1～256 字节（8～2048 位）。

7.1.1　流密码

流密码使用一串数字（密钥）生成无限长的伪随机密钥流，如图 7-1 所示。

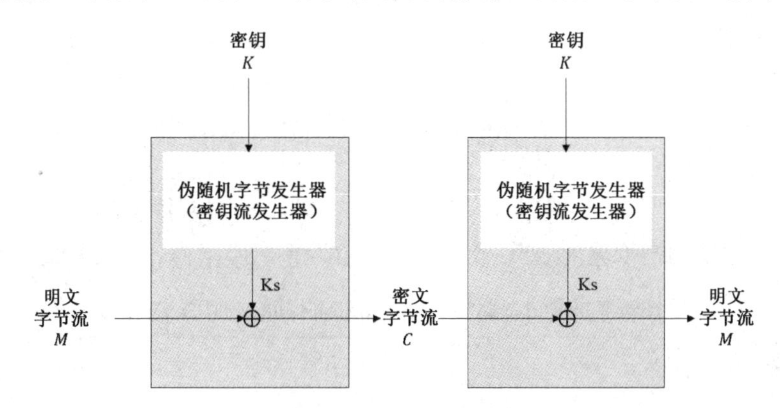

图 7-1　流密码示意图

将密钥输入一个伪随机字节发生器，产生一串随机的 8 位序列作为密钥流。加密时将密钥流和明文字节流进行按位异或运算后得到一个字节，解密时使用相同的伪随机序列和运算。当设计流密码时，应注意以下几点：

（1）加密序列的周期要长；

（2）密钥流应尽可能接近真正随机数流的特征；

（3）为了防止穷举攻击，密钥应足够长，目前最少应该为 128 位。

7.1.2　RC4 算法详细结构

RC4 算法是一种面向字节操作的流密码算法，其密钥长度可变。以下为 RC4 算法原理说明中使用到的主要变量。

（1）密钥流 Ks：RC4 算法的关键是根据明文和密钥生成相应的密钥流，密钥流的长度和明文的长度是对应的，也就是说明文的长度是 500 字节，那么密钥流的长度也是 500 字节，加密生成的密文的长度也是 500 字节，因为密文第 i 字节由明文第 i 字节与密钥流第 i 字节异或来生成。

（2）状态数组 S：长度为 256，$S[0],S[1],\cdots,S[255]$。每个单元为一个字节，在算法运行的任何时候，S 都包括 0～255 所有的 8 位数，只不过值的位置发生了变换。

（3）临时数组 T：长度为 256，每个单元为一个字节。如果密钥的长度是 256 字节，则直接把密钥的值赋给 T，否则，轮转地将密钥的每个字节赋给 T。

（4）密钥 K：长度为 1～256 字节，密钥的长度与明文的长度、密钥流的长度没有必然关系，通常密钥的长度为 16 字节（128 位）。

（5）密钥流单元：从 S 的 256 个单元中按一种系统化的方式生成一个单元添加到密钥流中，每生成一个密钥流单元，S 中的单元就被重新置换一次。

RC4 的密钥流生成过程主要分为 3 步：

（1）用 0～255 初始化 S，用密钥 K 初始化 T；

（2）用 T 产生 S 的初始置换结果；

（3）用 S 产生密钥流 Ks。

1. 密钥编排算法

RC4 算法使用密钥编排算法（Key Scheduling Algorithm，KSA）来完成对 S 和 T 的初始化及 S 的初始置换。在置换时使用密钥 K，其密钥长度一般取 16 字节，即 128 位，也可以更长，通常不超过 256 位。首先用 0~255 初始化 S，然后使用密钥进行置换。

（1）初始化 S 和 T：先用 0～255 填充 S，再用密钥 K 轮转填充 T，如图 7-2（a）所示。

（2）用 T 产生 S 的初始置换结果：设 j 的初始值为零，$S[0],S[1],\cdots,S[255]$，对每个 $S[i]$，根据 $j=\left(j+S[i]+T[i]\right)\bmod 256$，交换 $S[i]$ 与 $S[j]$ 的值，如图 7-2（b）所示。

2. 密钥流生成算法

S 完成初始化和初始置换后，密钥 K 就不再被使用。$S[0],S[1],\cdots,S[255]$，对每个 $S[i]$，根据 S 当前配置，将 $S[i]$ 与另一个字节置换，输出一个字节的密钥流单元。在 $S[255]$ 完成置换后，从 $S[0]$ 开始进行重复操作。RC4 算法的密钥流生成过程如图 7-2（c）所示。

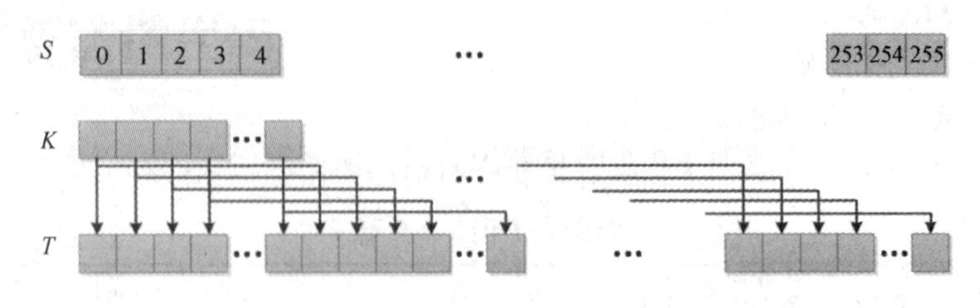

（a）S 和 T 的初始状态

图 7-2　RC4 算法的结构图

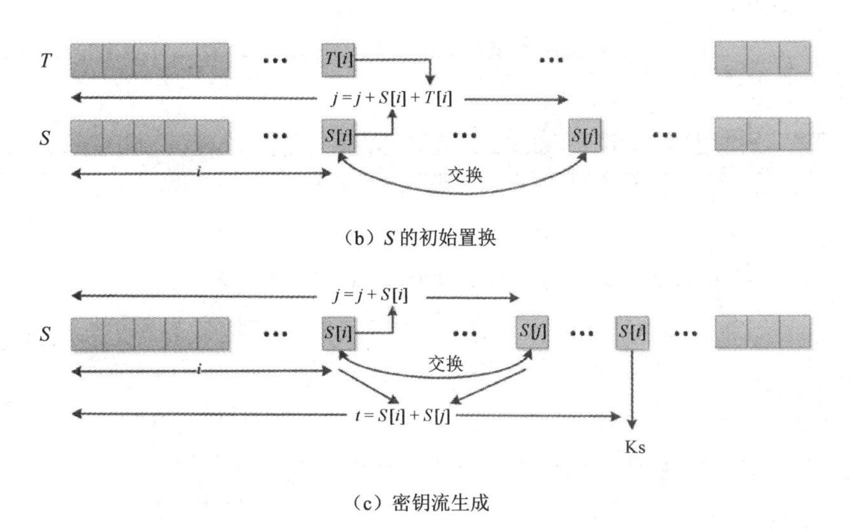

（b）S 的初始置换

（c）密钥流生成

图 7-2 RC4 算法的结构图（续）

7.2 算法伪代码

本节介绍上述算法的伪代码描述，伪代码清单如表 7-1 所示。

表 7-1 伪代码清单

算法序号	算法	算法名
7.2.1	密钥编排算法	rc4_KSA
7.2.2	密钥流生成算法	rc4_PRGA

RC4 算法包含两个功能性算法，第一个功能性算法是密钥编排算法，用来完成对 S 和 T 的初始化及 S 的初始置换，输入为十六进制字符串密钥 key，输出为初始置换后的状态数组 S，伪代码如下所示，其中 $\mathrm{SWAP}(x,y)$ 的作用为交换 x、y 的值。

算法 7.2.1 rc4_KSA(key)

// 输入：十六进制字符串密钥 key

// 输出：初始置换后的状态数组 S

// 初始化 S 和 T

$S[0,1,\cdots,255] \leftarrow [0,0,\cdots,0]$

$T[0,1,\cdots,255] \leftarrow [0,0,\cdots,0]$

$\mathrm{key\_len} \leftarrow$ key 的字节长度

$K \leftarrow$ 将 key 转化为字节数组

for $i \leftarrow 0$ **to** 255 **do**

  $S[i] \leftarrow i$

  $T[i] \leftarrow K[i \bmod \mathrm{key\_len}]$

// 用 T 产生 S 的初始置换
$j \leftarrow 0$
for $i \leftarrow 0$ **to** 255 **do**
$j \leftarrow \left(j + S[i] + T[i]\right) \bmod 256$
$\mathrm{SWAP}\left(S[i], S[j]\right)$
return S

第二个功能性算法是密钥流生成算法，输入为密钥编排算法生成的状态数组 S 和明文长度 n，输出为长度为 n 字节的密钥流 Ks，伪代码如下所示。

算法 7.2.2　rc4_PRGA(S, n)

// 输入：状态数组 S 和明文长度 n
// 输出：密钥流 Ks
$i \leftarrow 0$
$j \leftarrow 0$
$\mathrm{Ks} \leftarrow \varepsilon$
for _ $\leftarrow 0$ **to** 255 **do**
$i \leftarrow (i + 1) \bmod 256$
$j \leftarrow \left(j + S[i]\right) \bmod 256$
$\mathrm{SWAP}\left(S[i], S[j]\right)$
$t \leftarrow \left(S[i] + S[j]\right) \bmod 256$
$\mathrm{Ks} \leftarrow \mathrm{Ks} \| S[t]$
return Ks

加解密的算法比较简单，只需要按照算法流程对文件流进行读取并按位异或。

7.3　算法实现与测试

针对 RC4 算法中的两个功能性算法：密钥编排算法和密钥流生成算法，本节给出使用 Python（版本大于 3.9）实现的源代码及相应的测试数据。源代码清单如表 7-2 所示。

表 7-2　源代码清单

文　件　名	包　含　算　法
RC4.py	RC4 算法

7.3.1　输入和输出

根据密钥使用情况的不同，下面给出 5 组测试数据，包含输入的密钥、明文和输出的密文，详见表 7-3。

表 7-3 RC4 算法测试数据

序号	密　钥	明　文	密　文
1	0x6e6f742d736f2d72616e646f6d2d6b6579	0x476f6f6420796f75206172652063 6f7272656374	0x2d7fee79ffc080b096f7ef99e8ee659c328e065f
2	0x3475bd76fa040b73f521ffcd9de93f24	0x1b5e8b0f1bc78d238064826704830cdb	0x227ffc688734f86fa15615750080c586
3	0x2b24424b9fed596659842a4d0b007c61	0x41b267bc5905f0a3cd691b3ddaee149d	0xf508c68cf099856bde9a88cb1d3c589b
4	0x0f1571c947d9e8590cb7add6af7f6798	0x0123456789abcdeffedcba9876543210	0x4dd28d94f5d0bfa9777e82ba06a5bef9
5	0x123456789012345678901234567890 1234567890abcd	0x1234567890123456789012345678 90ab	0xd94736a36713a7652185d8a15241ed23

7.3.2 中间数据

针对 7.3.1 节给出的第 1 组测试数据，本节给出详细的中间数据，供读者参考。

明文：0x476f6f6420796f75206172652063 6f7272656374（字符串为 good you are correct）。

密钥：0x6e6f742d736f2d72616e646f6d2d6b6579（字符串为 not-so-random-key）。

密文：0x2d7fee79ffc080b096f7ef99e8ee659c328e065f。

中间数据如表 7-4 所示，使用十六进制串进行描述，描述时省略“0x”。

表 7-4 中间数据

初始化后的 S	6e ad 54 22 1d 5d 62 1b 03 a5 25 12 53 96 7e 2c 0a ca 10 6c c7 5b e0 24 e1 50 37 07 a6 d2 5e 6f 2e 17 aa 46 79 2d 66 bd 06 00 ea 75 f1 85 b7 72 fb 39 f3 bf 89 2f 55 78 33 4c 36 94 3e cb 76 b0 23 e6 4a ff 5a bb 52 4f 40 b1 38 05 9a ee 9e fd fa d0 ef 5c 59 31 5f c8 af 1e 60 86 b2 1f d1 8b 48 f2 c0 34 a7 98 1a 15 81 99 3c 6a 32 2a 9f b9 70 7d 7c cf 67 88 28 71 3f db 29 51 49 b3 73 cc eb 3a 83 64 c2 d6 09 d4 0b ce 68 e5 e4 d9 9b 18 dc fe 21 7f c3 e7 43 d7 ed 93 a1 a3 d5 56 19 3d 87 95 ba 14 9d 74 ac 91 6b dd 44 c4 8e be 6d a9 c6 63 f4 df f5 0c f0 11 4b 9c 13 cd f6 b5 de 08 20 77 41 69 26 97 8d d3 04 e2 8a e9 58 7a 45 0f 4e bc 30 8c d8 c5 0e 80 ab 16 da 2b 90 e3 a0 a8 b4 ae c1 a4 02 f7 b6 e8 f8 f9 57 01 35 fc 47 1c 42 82 b8 4d ec 84 7b 61 a2 92 c9 8f 65 27 3b 0d				
序　号	明　文	i	j	密钥流单元	密　文
1	47	01	ad	6a	2d
2	6f	02	01	10	7f
3	6f	03	23	81	ee
4	64	04	40	1d	79
5	20	05	9d	df	ff
6	79	06	ff	b9	c0
7	6f	07	1a	ef	80
8	75	08	1d	c5	b0
9	20	09	c2	b6	96
10	61	0a	e7	96	f7

续表

序　号	明　文	i	j	密钥流单元	密　文
11	72	0b	f9	9d	ef
12	65	0c	4c	fc	99
13	20	0d	e2	c8	e8
14	63	0e	60	8d	ee
15	6f	0f	8c	0a	65
16	72	10	96	ee	9c
17	72	11	60	40	32
18	65	12	70	eb	8e
19	63	13	dc	65	06
20	74	14	a3	2b	5f

7.3.3　无效置换和弱密钥问题

RC4 算法存在无效置换（无效的初始置换）问题。考虑 $j=\left(j+S[i]+T[i]\right) \bmod 256$，取 $\left(j+T[i]\right)\equiv 0\pmod{256}$，即 $T[i]=[0,0,255,254,\cdots,2]$，此时状态数组 S 的初始化是无效置换，S 完全不会被置换。攻击者可通过统计分析破解密文，通过程序可进行验证，弱密钥 K 和无效置换后的 S 如表 7-5 所示，使用十六进制串进行描述，描述时省略“0x”。

表 7-5　弱密钥 K 和无效置换后的 S

弱密钥 K	0000fffefdfcfbfaf9f8f7f6f5f4f3f2f1f0efeeedecebeae9e8e7e6e5e4e3e2e1e0dfdedddcdbdad9d8d7d6d5d4d3d2d1 d0cfcecdcccbcac9c8c7c6c5c4c3c2c1c0bfbebdbcbbbab9b8b7b6b5b4b3b2b1b0afaeadacabaaa9a8a7a6a5a4a3a2a 1a09f9e9d9c9b9a999897969594939291908f8e8d8c8b8a898887868584838281807f7e7d7c7b7a797877767574 737271706f6e6d6c6b6a696867666564636261605f5e5d5c5b5a595857565554535251504f4e4d4c4b4a4948474 64544434241403f3e3d3c3b3a393837363534333231302f2e2d2c2b2a292827262524232221201f1e1d1c1b1a19 1817161514131211100f0e0d0c0b0a0908070605040302
无效置换后的 S	00 01 02 03 04 05 06 07 08 09 0a 0b 0c 0d 0e 0f 10 11 12 13 14 15 16 17 18 19 1a 1b 1c 1d 1e 1f 20 21 22 23 24 25 26 27 28 29 2a 2b 2c 2d 2e 2f 30 31 32 33 34 35 36 37 38 39 3a 3b 3c 3d 3e 3f 40 41 42 43 44 45 46 47 48 49 4a 4b 4c 4d 4e 4f 50 51 52 53 54 55 56 57 58 59 5a 5b 5c 5d 5e 5f 60 61 62 63 64 65 66 67 68 69 6a 6b 6c 6d 6e 6f 70 71 72 73 74 75 76 77 78 79 7a 7b 7c 7d 7e 7f 80 81 82 83 84 85 86 87 88 89 8a 8b 8c 8d 8e 8f 90 91 92 93 94 95 96 97 98 99 9a 9b 9c 9d 9e 9f a0 a1 a2 a3 a4 a5 a6 a7 a8 a9 aa ab ac ad ae af b0 b1 b2 b3 b4 b5 b6 b7 b8 b9 ba bb bc bd be bf c0 c1 c2 c3 c4 c5 c6 c7 c8 c9 ca cb cc cd ce cf d0 d1 d2 d3 d4 d5 d6 d7 d8 d9 da db dc dd de df e0 e1 e2 e3 e4 e5 e6 e7 e8 e9 ea eb ec ed ee ef f0 f1 f2 f3 f4 f5 f6 f7 f8 f9 fa fb fc fd fe ff

7.4　思考题

（1）在加解密过程中，流密码相较于分组密码的内存开销如何？

（2）请指出 RC4 算法中涉及的基本运算，并简要说明其作用。

第 8 章　RSA 算法

RSA（Rivest Shamir Adleman）算法是一种公开的公钥密码算法，由 Ron Rivest、Adi Shamir 和 Leonard Adleman 于 1977 年共同提出，算法名字由三人姓氏首字母组合而成。RSA 算法旨在解决私钥利用公开信道传输分发的难题，并可用于保护数据信息的完整性。RSA 算法是目前最有影响力和最常用的公钥加密算法，其安全性依赖于大整数分解难题，能够抵抗目前已知的绝大多数密码攻击，已被 ISO 推荐为公钥数据加密标准。

8.1　算法原理

8.1.1　RSA 算法整体结构

RSA 算法包括 RSA 密钥生成算法、RSA 加密算法和 RSA 解密算法。RSA 算法中的一对密钥分为加密密钥（公钥）pk 和解密密钥（私钥）sk，公钥 pk 是公开信息，私钥 sk 需要保密。加密时使用公钥 pk 对明文加密得到密文，解密时使用私钥 sk 对密文解密得到明文。RSA 算法流程图如图 8-1 所示，具体步骤如下。

1．RSA 密钥生成算法

（1）任选两个不同的大素数 p 和 q，计算 $n=pq$，$\varphi(n)=(p-1)(q-1)$；

（2）选择 $e<\varphi(n)$，应满足 $\gcd(e,\varphi(n))=1$；

（3）生成 $d<\varphi(n)$，应满足 $de\equiv 1(\bmod\ \varphi(n))$，即 $de=k\varphi(n)+1$，$k\geqslant 1$ 且 k 为整数；

（4）(e,n) 作为公钥 pk，(d,n) 作为私钥 sk。

2．RSA 加密算法

将明文 m（$m<n$，是一个整数）加密成密文 c，RSA 加密公式为：

$$c=E_{\mathrm{pk}}(m)=m^e \bmod n$$

3．RSA 解密算法

将密文 c 解密为明文 m，RSA 解密公式为：

$$m=D_{\mathrm{sk}}(c)=c^d \bmod n$$

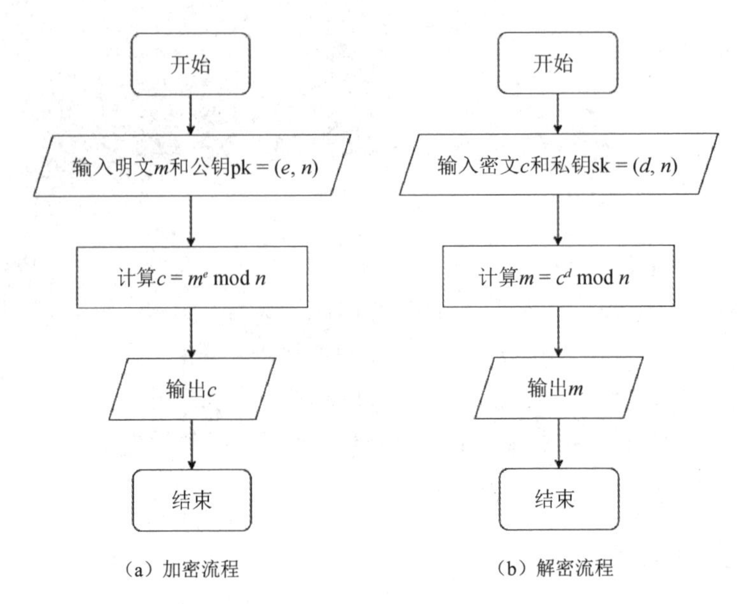

（a）加密流程　　（b）解密流程

图 8-1　RSA 算法流程图

8.1.2　RSA-OAEP 算法

RSA 算法的加解密过程固定，因此在实际使用时，需要通过对消息添加最优非对称加密填充（Optimal Asymmetric Encryption Padding，OAEP）的方式来增加算法的随机性，以此来保证消息的安全，这种算法称为 RSA-OAEP 算法。RSA-OAEP 算法包括两个子算法，分别为 OAEP 编解码算法和 RSA-OAEP 加解密算法。

1．OAEP 编码算法

OAEP 编码算法对需要加密的明文 M 进行 OAEP 编码，执行以下步骤：

（1）对标签 L 进行杂凑运算得到长度为 hLen 字节的杂凑值 lHash，其中 L 是一个可选输入，若没有提供，则默认为空字符串 ε；

（2）生成长度为$(k-\text{mLen}-2\text{hLen}-2)$字节的全 0 串 PS，其中 k 为整个算法的安全参数，mLen 为明文的字节长度；

（3）拼接 lHash、PS、0x01 和 M，得到长度为$(k-\text{hLen}-1)$字节的 DB；

（4）随机选择一个种子 seed 作为掩码生成算法 MGF 的输入，输出的掩码值和 DB 进行按位异或运算产生掩码 DB（maskedDB）。该 maskedDB 作为 MGF 的输入产生一个掩码值，该掩码值和 seed 进行异或运算产生掩码种子（maskedSeed）。maskedSeed 和 maskedDB 连接起来构成编码后的消息 EM。OAEP 编码示意图如图 8-2 所示。

2．OAEP 解码算法

OAEP 解码算法对需要解密的密文使用 RSA 算法进行解密后，对解密结果进行 OAEP 解码，执行以下步骤：

（1）对标签 L 进行杂凑运算得到长度为 hLen 字节的 lHash′，其中 L 是一个可选输入，若没有提供，则默认为空字符串 ε；

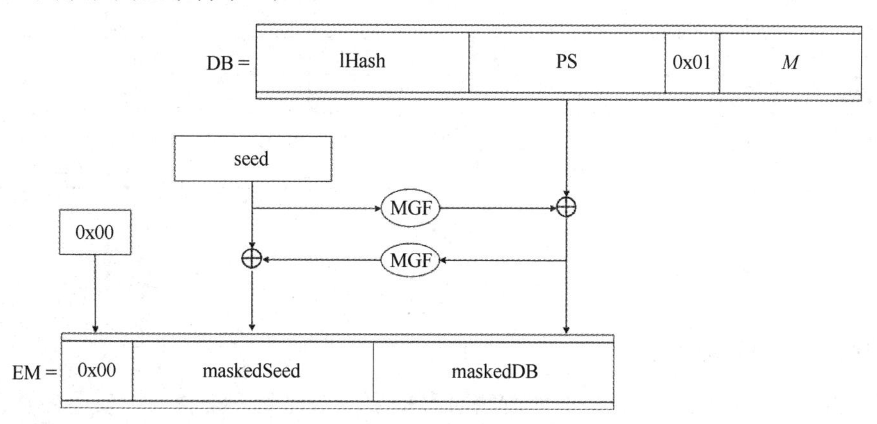

图 8-2　OAEP 编码示意图

（2）将得到的消息 EM 拆分为 $Y \| \text{maskedSeed} \| \text{maskedDB}$，其中 Y 为解密得到的消息的第一个字节，maskedSeed 的长度为 hLen，其余部分为 maskedDB；

（3）计算 $\text{seedMask} = \text{MGF}(\text{maskedDB}, \text{hLen})$；

（4）计算 $\text{seed} = \text{maskedSeed} \oplus \text{seedMask}$；

（5）计算 DB 的掩码值 $\text{DBmask} = \text{MGF}(\text{seed}, k - \text{hLen} - 1)$；

（6）计算 $\text{DB} = \text{maskedDB} \oplus \text{DBmask}$；

（7）验证 DB 是否符合如下形式：$\text{DB} = \text{lHash} \| \text{PS} \| 0\text{x}01 \| M$，其中 $\text{lHash} = \text{lHash}'$，PS 中的每个字节均为 0x00，当以上条件均符合且 EM 的第一个字节（Y）为 0x00 时，将 M 取出作为明文，判定 OAEP 验证成功，解密成功。

3. RSA-OAEP 加解密算法

在加密时，首先对需要加密的明文使用 OAEP 编码算法进行编码，然后对编码后的结果使用 RSA 算法进行加密，得到密文；在解密时，首先使用 RSA 算法对需要解密的密文进行解密，然后对解密后的码字使用 OAEP 解码算法进行解码，得到明文。

8.2　算法伪代码

本节介绍上述算法的伪代码描述，伪代码清单如表 8-1 所示。

表 8-1　伪代码清单

算法序号	算　　法	算法名
8.2.1.1	RSA 密钥生成算法	rsa_key_gen
8.2.1.2	素数生成算法	get_prime
8.2.1.3	RSA 加密算法	rsa_encrypt
8.2.1.4	RSA 解密算法	rsa_decrypt
8.2.2.1	RSA-OAEP 加密算法	rsa_oaep_encrypt

续表

算法序号	算　法	算法名
8.2.2.2	OAEP 编码算法	oaep_encode
8.2.2.3	掩码生成算法	MGF
8.2.2.4	RSA-OAEP 解密算法	rsa_oaep_decrypt
8.2.2.5	OAEP 解码算法	oaep_decode

8.2.1　RSA 算法伪代码

1. RSA 密钥生成算法

调用 RSA 密钥生成算法来生成加解密时所需要的公私钥对，输入为安全参数 k，输出为公钥 $\mathrm{pk}=(e,n)$ 和私钥 $\mathrm{sk}=(d,n)$。伪代码如下：

算法 8.2.1.1　rsa_key_gen(k)

```
// 输入：安全参数 k
// 输出：公私钥对 (pk,sk)
p ← get_prime(⌊k/2⌋)
q ← get_prime(k − ⌊k/2⌋)
n ← p·q
φ(n) ← (p−1)·(q−1)
e ←_R (3,n−1)，且保证 gcd(e,φ(n)) = 1
d ← e^{-1} mod φ(n)
pk ← (e,n)
sk ← (d,n)
return (pk,sk)
```

其中，get_prime 算法（素数生成算法）的功能是生成指定比特长度的大素数，输入为素数比特长度 bit_len，输出为素数 p。伪代码如下：

算法 8.2.1.2　get_prime(bit_len)

```
// 输入：素数比特长度 bit_len
// 输出：素数 p
p ←_R {0,1}^{bit_len}
while mr_test(p) ≠ True do
    p ←_R {0,1}^{bit_len}
return p
```

2. RSA 加密算法

RSA 加密算法的输入为明文 plaintext 和公钥 $\mathrm{pk}=(e,n)$，输出为密文 ciphertext。伪代

码如下：

算法 8.2.1.3 $\textbf{rsa\_encrypt}(\textbf{plaintext},\textbf{pk})$

// 输入：明文 plaintext 和公钥 $\text{pk}=(e,n)$

// 输出：密文 ciphertext

$\text{ciphertext} \leftarrow \text{plaintext}^e \bmod n$

return ciphertext

3．RSA 解密算法

RSA 解密算法的输入为密文 ciphertext 和私钥 $\text{sk}=(d,n)$，输出为明文 plaintext 。伪代码如下：

算法 8.2.1.4 $\textbf{rsa\_decrypt}(\textbf{ciphertext},\textbf{sk})$

// 输入：密文 ciphertext 和私钥 $\text{sk}=(d,n)$

// 输出：明文 plaintext

$\text{plaintext} \leftarrow \text{ciphertext}^d \bmod n$

return plaintext

8.2.2 RSA-OAEP 算法伪代码

1．RSA-OAEP 加密算法

RSA-OAEP 的密钥生成算法与 RSA 相同，在此不再赘述。RSA-OAEP 加密算法的输入为明文 plaintext 、公钥 $\text{pk}=(e,n)$、安全参数 k 、杂凑函数 hash（对应的杂凑值字节长度为 hlen ）和标签 L，输出为密文 ciphertext 。伪代码如下：

算法 8.2.2.1 $\textbf{rsa\_oaep\_encrypt}(\textbf{plaintext},\textbf{pk},\boldsymbol{k},\textbf{hash},\boldsymbol{L})$

// 输入：明文 plaintext

公钥 $\text{pk}=(e,n)$

安全参数 k ，用于描述字节长度

杂凑函数 hash ，其杂凑值字节长度为 hlen ，默认为 SHA-1

标签 L，默认为 ε

// 输出：密文 ciphertext

检查标签 L 的字节长度是否超出杂凑函数的输入限制

$\text{mlen} \leftarrow$ plaintext 的字节长度

if $\text{mlen} > k-2\cdot\text{hlen}-2$ **then**

抛出异常“消息过长”

$\text{EM} \leftarrow \text{oaep\_encode}(\text{plaintext},k,\text{hash},L)$

$\text{ciphertext} \leftarrow \text{rsa\_encrypt}(\text{EM},\text{pk})$

return ciphertext

其中，oaep_encode 为 OAEP 编码算法，其输入为待编码的消息 msg、安全参数 k、杂凑函数 hash（对应的杂凑值字节长度为 hlen）和标签 L，输出为编码后的消息 EM。伪代码如下：

算法 8.2.2.2　$\textbf{oaep\_encode}(\textbf{msg}, k, \textbf{hash}, L)$

// 输入：待编码的消息 msg
　　安全参数 k，用于描述字节长度
　　杂凑函数 hash，其杂凑值字节长度为 hlen，默认为 SHA-1
　　标签 L，默认为 ε
// 输出：编码后的消息 EM
mlen $\leftarrow$ msg 的字节长度
$\text{l\_hash} \leftarrow \text{hash}(L)$
$\text{PS} \leftarrow \overbrace{0\text{x}00 \| \cdots \| 0\text{x}00}^{k-\text{mlen}-2\cdot\text{hlen}-2}$
$\text{DB} \leftarrow \text{l\_hash} \| \text{PS} \| 0\text{x}01 \| \text{msg}$
$\text{seed} \leftarrow_R \{0,1\}^{\text{hlen}}$
$\text{db\_mask} \leftarrow \text{MGF}(\text{seed}, k-\text{hlen}-1)$
$\text{masked\_db} \leftarrow \text{DB} \oplus \text{db\_mask}$
$\text{seed\_mask} \leftarrow \text{MGF}(\text{masked\_db}, \text{hlen})$
$\text{masked\_seed} \leftarrow \text{seed} \oplus \text{seed\_mask}$
$\text{EM} \leftarrow 0\text{x}00 \| \text{masked\_seed} \| \text{masked\_db}$
return EM

其中，MGF 为掩码生成算法，其输入为种子 seed、掩码的字节长度 mask_len 和杂凑函数 hash（对应的杂凑值字节长度为 hlen），输出为掩码 mask。伪代码如下：

算法 8.2.2.3　$\textbf{MGF}(\textbf{seed}, \textbf{mask\_len}, \textbf{hash})$

// 输入：种子 seed、掩码的字节长度 mask_len 和杂凑函数 hash
// 输出：掩码 mask
if $\text{mask\_len} > 2^{32}\cdot\text{hlen}$ **then**
　　抛出异常“掩码过长”
$T \leftarrow \varepsilon$
for $\text{counter} \leftarrow 0$ **to** $\lceil \text{mask\_len}/\text{hlen} \rceil - 1$ **do**
　　$T \leftarrow T \| \text{hash}(\text{seed} \| \text{counter})$
$\text{mask} \leftarrow T[0,1,\cdots,\text{masked\_len}-1]$
return mask

2. RSA-OAEP 解密算法

RSA-OAEP 解密算法的输入为密文 ciphertext、私钥 $\text{sk}=(d,n)$、安全参数 k、杂凑函数 hash（对应的杂凑值字节长度为 hlen）和标签 L，输出为明文 plaintext。伪代码如下：

算法 8.2.2.4 $\textbf{rsa\_oaep\_decrypt}(\textbf{ciphertext}, \textbf{sk}, \boldsymbol{k}, \textbf{hash}, \boldsymbol{L})$

// 输入：密文 ciphertext
私钥 $\text{sk} = (d, n)$
安全参数 k，用于描述字节长度
杂凑函数 hash，其杂凑值字节长度为 hlen，默认为 SHA-1
标签 L，默认为 ε
// 输出：明文 plaintext
检查标签 L 的字节长度是否超出杂凑函数的输入限制
检查密文 ciphertext 的字节长度是否等于 k 字节
if $k < 2 \cdot \text{hlen} + 2$ **then**
  抛出异常“解密错误”
$\text{EM} \leftarrow \text{rsa\_decrypt}(\text{ciphertext}, \text{sk})$
$\text{plaintext} \leftarrow \text{oaep\_decode}(\text{EM}, k, \text{hash}, L)$
return plaintext

其中，oaep_decode 为 OAEP 解码算法，其输入为待解码的消息 EM、安全参数 k、杂凑函数 hash（对应的杂凑值字节长度为 hlen）和标签 L，输出为解码后的消息 M，伪代码如下：

算法 8.2.2.5 $\textbf{oaep\_decode}(\textbf{EM}, \boldsymbol{k}, \textbf{hash}, \boldsymbol{L})$

// 输入：待解码的消息 EM
安全参数 k，用于描述字节长度
杂凑函数 hash，其杂凑值字节长度为 hlen，默认为 SHA-1
标签 L，默认为 ε
// 输出：解码后的消息 M
$\text{l\_hash} \leftarrow \text{hash}(L)$
切分 EM，使得 $\overbrace{Y}^{1} \| \overbrace{\text{masked\_seed}}^{\text{hlen}} \| \overbrace{\text{masked\_db}}^{k-\text{hlen}-1} \leftarrow \text{EM}$
$\text{seed\_mask} \leftarrow \text{MGF}(\text{masked\_db}, \text{hlen})$
$\text{seed} \leftarrow \text{seed\_mask} \oplus \text{masked\_seed}$
$\text{db\_mask} \leftarrow \text{MGF}(\text{seed}, k - \text{hlen} - 1)$
$\text{DB} \leftarrow \text{db\_mask} \oplus \text{masked\_db}$
切分 DB，使得 $\overbrace{\text{l\_hash}'}^{\text{hlen}} \| \text{PS} \| \text{0x01} \| M \leftarrow \text{DB}$
检查 PS 是否等于 $\text{0x00} \| \cdots \| \text{0x00}$，若不等于，则抛出异常“解密错误”
检查 0x01 是否能够从切分中得到，若不能，则抛出异常“解密错误”
检查 Y 是否等于 0x00，若不等于，则抛出异常“解密错误”
检查 l_hash 是否等于 l_hash′，若不等于，则抛出异常“解密错误”
return M

8.3 算法实现与测试

针对 RSA 算法，本节给出使用 Python（版本大于 3.9）实现的源代码及相应的测试数据，源代码清单如表 8-2 所示。其中，RSA 加解密算法的输入和输出均为整数；RSA-OAEP 算法的输入和输出均为字节串。

表 8-2 源代码清单

文 件 名	包 含 算 法
rsa.py	RSA 算法
rsa_oaep.py	RSA-OAEP 算法
exgcd.py	扩展欧几里得算法
mr_test.py	Miller-Rabin 素性检测算法
quick_pow_mod.py	快速幂取模算法

8.3.1 RSA 算法实现与测试

本节给出 RSA 算法测试数据，包含公私钥对、明文和密文，如表 8-3 所示，数据使用十进制数进行描述。

表 8-3 RSA 算法测试数据

公 钥	私 钥	明文	密 文
(7,187)	(23,187)	88	11
(11,11023)	(5891,11023)	3314	10260
(265894244486361609418672981644651529873020297744073959598497028329718567562205066233674093994926761700108625121413108075823180240338283127587432244503964144088437329787584717834950463076315349549075540138745002899585515973689539637773540929626639785728515456905360319531546911834467244380602736290039189017347, 294397307361584321829785887095539725649616857669708368088424130611738002239260877748112169821706510690509498746846738964246170261309806471395358341942587767996566494129484965550113824179689894205620357132135411739903957285933743517858107050688110730401728803293799797577288234353034911919509320526582135202311)	(267288970893450600534305531847326374025164891935069321683040616774132953708877449911136999134366885172717941036135175160061712625744337821314706981689344952150552224724186701805432236678436429441199613272929812856169464912529086033683210111980779383273199505949067799565486890404374130976492470416775775712171, 294397307361584321829785887095539725649616857669708368088424130611738002239260877748112169821706510690509498746846738964246170261309806471395358341942587767996566494129484965550113824179689894205620357132135411739903957285933743517858107050688110730401728803293799797577288234353034911919509320526582135202311)	1122334455667788	71860032154443168513685152570966635952098135309451679709998248703130156773370334104776883586352892879997808224795459633678367264467288086300880630764205357666097233102939045352472097661096284910465401038464173200514448495414921305878475668702805050346013130564721947331500481523796112589075775407109552347709

8.3.2 RSA-OAEP 算法实现与测试

本节采用 SHA-1 杂凑算法生成 3 组 RSA-OAEP 算法测试数据，如表 8-4 所示。

表 8-4　RSA-OAEP 算法测试数据

k（字节单位）	*e*	*d*	*n*
128	65537	36549922675648462909921647391693405036468067824430995394028112360750859000074142656686438336217406339764415265105549225120130662805528304284326914953193753367030480654186549175590108287208860212998675594878179675941323358898277000318805902757904474862068585040760843251463058527293959340764840738963926043337	88032792443732940600056413271202156776001755274154139843381859602592026691946309713019445396570384391368632239221697154233664213461444633512750203060913617506370450892789441335492082275392851869268762311863523955945822658267812267037400862063244594482106407508985438750798447448465385390735603838362254608183
seed	明文	EM	密文
0x078f69d1571a0ec172bb85bddc05073b8060f9e5	~~H0w beautiful it is	0x00736ebd6cd2299747baa76ac2960fd8d1c6f729f6617dd87a027792171df74029be4f45d425021e6e337472cd6182dc1329483201b4ab4ab3dcd32d3ce2534103d0a474cc703d69320faf7ebb96409e23117cd6c6a8a35689ca544d963b3097c22bc6a0c6e5d344734b1589720790d7a1f265b7a0c1154565c439938799e24a	0x69872d35b8e168de9b3351a5345ccf8911ab85c84e22fb0ed36db9593c06bfb19990a7b9031ffa564c255f8c3dbf579216e343ab51876426a5f65dd011d2bba5e8cf9a045b1cb71fbc0c3f4484f1d89008d53f3e3a1602d06d84831500ff32fdd0f6e73be41830060dce826c0875ca9da76b2ea3308a1893f9d6711b31d0467f
0x078f69d1571a0ec172bb85bddc05073b8060f9e5	I love Cryptography!	0x000eb72331ec64cf3e5f54208d8362e1a022d25f0f617dd87a027792171df74029be4f45d425021e6e337472cd6182dc1329483201b4ab4ab3dcd32d3ce2534103d0a474cc703d69320faf7ebb96409e23117cd6c6a8a35689ca544d963b3097c22bc6a0c6e5d344734b14f6456fcccff7f52095a7cc0c577fcf6b9b83d1f218	0x4901781fc14be71039dadbe67ae6e205e64f1b14f9cf61e500e7876cda4249d2aedb279e8d6f3a757dd44b0a1eaf0edbf793708fbacc60bc78a6bdb31936b0e8ef9e094c10f5045e81b9e72f80833d59ccd8ced9c56c558861d5bfbae43420d3d2e512675d36549902b9196b778c1dadb1284313992065a85ef07bebf2444133
0x078f69d1571a0ec172bb85bddc05073b8060f9e5	RSA is so weird...	0x0067edb8095dc6ef6554b3b0807055715981c0ee71617dd87a027792171df74029be4f45d425021e6e337472cd6182dc1329483201b4ab4ab3dcd32d3ce2534103d0a474cc703d69320faf7ebb96409e23117cd6c6a8a35689ca544d963b3097c22bc6a0c6e5d344734b14f70c4ef2f3c0b069a5f5c6130367cd70889797a517	0x3785246dbad19229100dd86b0e8ed5ba82ba84f13dc540238ea29423424103250ff2550b714c3afc4825ac8b5c2130ed27a29963751960f858608f7ecf1789a2db16aa109a917b464bf353f2d9763cd329711cbf655d5e3ecf2bf6e705a8dc34618ddf015330f9c33620c572e2e7183ca839aed8fa4686252d1d292af61e17af

8.4 思考题

（1）RSA 算法在生成密钥时为什么要选取大素数？试简要说明。

（2）试阐述如何利用 RSA 算法的性质进行选择密文攻击。

（3）假如在工程实现中，每次生成密钥选取的大素数为固定值，那么会带来什么安全隐患？试简要说明。

第 9 章　Diffie-Hellman 密钥交换协议

为了保证密钥的安全传输，W.Diffie 和 M.E.Hellman 于 1976 年提出了一种公钥密码算法，即 Diffie-Hellman 密钥交换协议（简称为 DH 密钥交换协议），可以让通信双方在完全缺乏对方私有信息的前提条件下，通过不安全信道生成一个共享密钥，用于对后续信息交换进行对称加密。Diffie-Hellman 密钥交换协议已用于许多商业产品中，并与其他密码算法结合，形成了更多种类的公钥算法。

9.1　算法原理

9.1.1　Diffie-Hellman 密钥交换协议的原理

Diffie-Hellman 密钥交换协议的具体实现过程如下，其中，素数 q 和基本原根 g 是两个公开的整数，双方通过交互获得共享密钥 K：

（1）Alice 选择一个随机整数 $X_{\mathrm{A}} \in (1, q-1)$ 作为私钥，计算并公开 $Y_{\mathrm{A}} = g^{X_{\mathrm{A}}} \bmod q$；

（2）Bob 选择一个随机整数 $X_{\mathrm{B}} \in (1, q-1)$ 作为私钥，计算并公开 $Y_{\mathrm{B}} = g^{X_{\mathrm{B}}} \bmod q$；

（3）Alice 计算 $K_{\mathrm{A}} = (Y_{\mathrm{B}})^{X_{\mathrm{A}}} \bmod q$ 并将其作为密钥；

（4）Bob 计算 $K_{\mathrm{B}} = (Y_{\mathrm{A}})^{X_{\mathrm{B}}} \bmod q$ 并将其作为密钥；

（5）$K = K_{\mathrm{A}} = K_{\mathrm{B}}$，Alice 和 Bob 完成密钥交换，双方获得共享密钥 K。

Diffie-Hellman 密钥交换协议实现过程如图 9-1 所示。

9.1.2　基于 ECC 的 Diffie-Hellman 密钥交换协议

定义椭圆曲线上的点群 $E_p(a,b)$，并在其中挑选基点 $G = (x_g, y_g)$，G 的阶为一个大整数 n，n 是使得 $[n]G = O$ 的最小正整数，O 为椭圆曲线上的无穷远点，并将 $E_p(a,b)$、G 和 n 公开。

基于 ECC 的 Diffie-Hellman 密钥交换协议（ECDH）的具体实现过程如下：

（1）Alice 选择一个随机整数 $n_{\mathrm{A}} \in (1, n-1)$ 作为私钥；

（2）Bob 选择一个随机整数 $n_{\mathrm{B}} \in (1, n-1)$ 作为私钥；

（3）Alice 计算公钥 $P_{\mathrm{A}} = [n_{\mathrm{A}}]G$ 并发送给 Bob，该公钥是 $E_p(a,b)$ 中的一个点；

（4）Bob 计算公钥 $P_{\mathrm{B}} = [n_{\mathrm{B}}]G$ 并发送给 Alice，该公钥是 $E_p(a,b)$ 中的一个点；

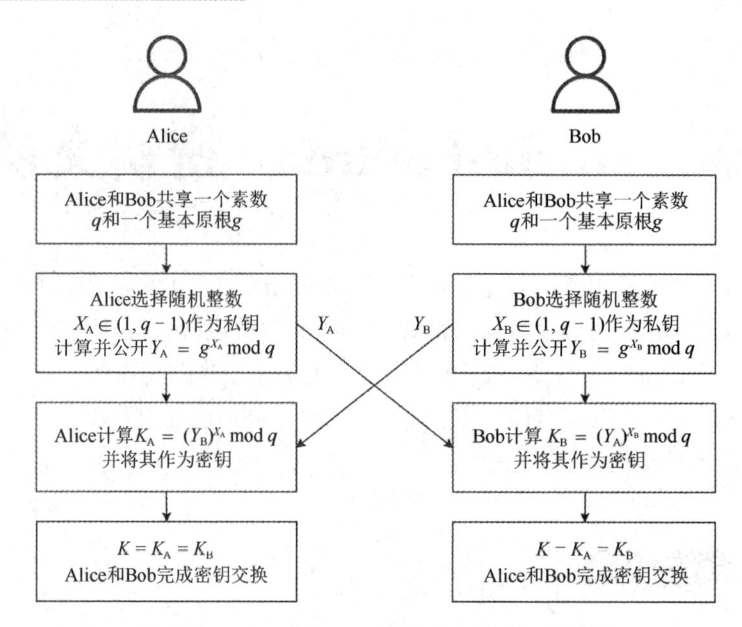

图 9-1 Diffie-Hellman 密钥交换协议实现过程

（5）Alice 产生密钥 $K_A = [n_A]P_B$，Bob 产生密钥 $K_B = [n_B]P_A$。

Alice 和 Bob 计算的 K_A 和 K_B 相等，因为

$$K_A = [n_A]P_B = [n_A]([n_B]G) = [n_B]([n_A]G) = [n_B]P_A = K_B$$

基于 ECC 的 Diffie-Hellman 密钥交换协议（ECDH）实现过程如图 9-2 所示。

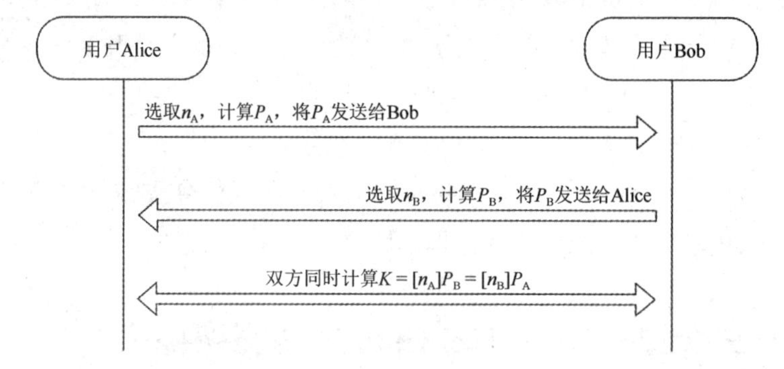

图 9-2 基于 ECC 的 Diffie-Hellman 密钥交换协议（ECDH）实现过程

9.2 算法伪代码

本节介绍上述算法的伪代码描述，伪代码清单如表 9-1 所示。

表 9-1 伪代码清单

算法序号	算法	算法名
9.2.1.1	Diffie-Hellman 密钥交换协议	dh
9.2.2.1	基于 ECC 的 Diffie-Hellman 密钥交换协议	ecdh

9.2.1　Diffie-Hellman 密钥交换协议伪代码

dh 算法实现 Alice 和 Bob 通信，完成 Diffie-Hellman 密钥交换的过程，算法的输入为双方的通信连接 conn、基本原根 g 和素数 q，输出为交换的共享密钥 K。算法伪代码如下：

算法 9.2.1.1　dh(conn, g, q)

// 输入：双方的通信连接 conn、基本原根 g、素数 q

// 输出：交换的共享密钥 K

$X \leftarrow_R (1, q-1)$

$Y \leftarrow g^X \bmod q$

通过 conn，发送 Y 给对方，并接收对方发送的 Q

$K \leftarrow Q^X \bmod q$

return K

9.2.2　基于 ECC 的 Diffie-Hellman 密钥交换协议伪代码

ecdh 算法完成基于 ECC 的 Diffie-Hellman 密钥交换协议，算法的输入为双方的通信连接conn和椭圆曲线群 group，输出为交换的共享密钥 K。算法伪代码如下，其中，group.G 为椭圆曲线群的基点，group.n 为基点的阶：

算法 9.2.2.1　ecdh(conn, group)

// 输入：双方的通信连接 conn 和椭圆曲线群 group

// 输出：交换的共享密钥 K

$n \leftarrow_R (1, \text{group}.n-1)$

$P \leftarrow [n] \cdot \text{group}.G$

通过 conn，发送 P 给对方，并接收对方发送的 Q

$K \leftarrow [n] \cdot Q$

return K

9.3　算法实现与测试

针对 Diffie-Hellman 密钥交换协议、基于 ECC 的 Diffie-Hellman 密钥交换协议，本节给出使用 Python（版本大于 3.9）实现的源代码及相应的测试数据。源代码清单如表 9-2 所示。

表 9-2　源代码清单

文 件 名	包 含 算 法
dh.py	Diffie-Hellman 密钥交换协议
ecdh.py	基于 ECC 的 Diffie-Hellman 密钥交换协议

续表

文 件 名	包 含 算 法
exgcd.py	扩展欧几里得算法
quick_pow_mod.py	快速幂取模算法
ecc.py	椭圆曲线基础运算算法

9.3.1 Diffie-Hellman 密钥交换协议实现与测试

本节测试中的基本原根取 $g=3034683$，素数 $q=2036374273689296142034438587899$，Diffie-Hellman 密钥交换协议测试数据 1 如表 9-3 所示，以十进制数描述。

表 9-3 Diffie-Hellman 密钥交换协议测试数据 1

Alice 方		Bob 方	
私钥X_A	1153573475466882726858487539880	私钥X_B	563828190137263990446262546 83
公钥Y_A	1036819405652475734188440387988	公钥Y_B	1269973725853698322054741168192
$(Y_B)^{X_A} \bmod q$	1213764652682316985851063050 48	$(Y_A)^{X_B} \bmod q$	121376465268231698585106305048
K	121376465268231698585106305048		

下面再给出两组 Diffie-Hellman 密钥交换协议测试数据，使用相同的基本原根 g 和素数 q，如表 9-4 和表 9-5 所示，以十进制数描述。

表 9-4 Diffie-Hellman 密钥交换协议测试数据 2

Alice 方		Bob 方	
私钥X_A	630142561702485290337074650735	私钥X_B	900816054281603185686186252997
公钥Y_A	1287941963023882622329829046322	公钥Y_B	1576155571936942573191091617229
$(Y_B)^{X_A} \bmod q$	1424400100205334869359880342600	$(Y_A)^{X_B} \bmod q$	1424400100205334869359880342600
K	1424400100205334869359880342600		

表 9-5 Diffie-Hellman 密钥交换协议测试数据 3

Alice 方		Bob 方	
私钥X_A	1594347058928137744806136266747	私钥X_B	1004312614212178016681323664138
公钥Y_A	1300657119048987593787522258320	公钥Y_B	970288989254472279613928767521
$(Y_B)^{X_A} \bmod q$	965112911084474675149168145 56	$(Y_A)^{X_B} \bmod q$	965112911084474675149168145 56
K	965112911084474675149168145 56		

9.3.2 基于 ECC 的 Diffie-Hellman 密钥交换协议实现与测试

基于 ECC 的 Diffie-Hellman 密钥交换协议算法的输入为 Alice 和 Bob 选取的私钥 n_A 和 n_B，中间参数为通过 n_A 和 n_B 计算出的公钥 P_A 和 P_B，输出为 Alice 和 Bob 利用私钥和公钥计算出的 K_A 和 K_B，二者应相等。下面将给出 3 组测试数据，域参数见表 9-6，数据均以十六进制串进行描述，描述时省略“0x”。

表 9-6　域参数

参　数	值
选择的大素数 p	8542d69e4c044f18e8b92435bf6ff7de457283915c45517d722edb8b08f1dfc3
基点 G 的阶 n	8542d69e4c044f18e8b92435bf6ff7dd297720630485628d5ae74ee7c32e79b7
曲线参数 a	787968b4fa32c3fd2417842e73bbfeff2f3c848b6831d7e0ec65228b3937e498
曲线参数 b	63e4c6d3b23b0c849cf84241484bfe48f61d59a5b16ba06e6e12d1da27c5249a
G 点横坐标 gx	421debd61b62eab6746434ebc3cc315e32220b3badd50bdc4c4e6c147fedd43d
G 点纵坐标 gy	0680512bcbb42c07d47349d2153b70c4e5d7fdfcbfa36ea1a85841b9e46e09a2

第 1 组测试数据见表 9-7，数据均以十六进制串进行描述，描述时省略“ 0x ”。

表 9-7　基于 ECC 的 Diffie-Hellman 密钥交换协议测试数据 1

Alice 方	
私钥n_A	111e32da4d217b865cccb70c847603121eae9bfd95bdf399af626d23c05c742c
公钥P_A	(843884481073b5ab82c7de3312d3423b55c1aa6de69f88de801332fb57df4489, 64b1e3d58ae49663918050801e71c92a3642ea150c347586548da9fa14387222)
K_A	(48781d2ee37339b5530250586f9ac6afb51912d00b68124b617441b2d8ab249e, 7554de2af69e8701af8a2c049ce8105e19c6cc373f70dfdb00b4b6e27651237f)
Bob 方	
私钥n_B	4f593b08c8831a5219c961e1a3406401b20655492e5000b1fb5793241501e931
公钥P_B	(5d97d6257591c9262cf62cc3c4e25247c01636ce586f8bd0c989cd9fc47a7155, 24abee582cdd8350db90d53285a0c75bb5af82c1020a8072d71cf18852fe38ce)
K_B	(48781d2ee37339b5530250586f9ac6afb51912d00b68124b617441b2d8ab249e, 7554de2af69e8701af8a2c049ce8105e19c6cc373f70dfdb00b4b6e27651237f)

第 2 组测试数据见表 9-8，数据均以十六进制串进行描述，描述时省略“ 0x ”。

表 9-8　基于 ECC 的 Diffie-Hellman 密钥交换协议测试数据 2

Alice 方	
私钥n_A	3d54b98f2514bb206d41603321649b4fdfe3a5940d64b463ae8200ff86de9230
公钥P_A	(7d7c6c986b0e50da7bd5b49f1291a76b8a6a3fd92d4157995bf20926025c4c25, 5c485be4c2a645ae8275694043c8dab0a8f8f7f6db6447f0fd5d0b9afe16eece)
K_A	(3b75083d29293d8c163e6c39106603116b4b4dec4aafb37b18ab04169c5eec6a, 47ef39e1a2cd7e22d3b929017cca998f7c3eea0ca579b86bc133d6c5d88db866)
Bob 方	
私钥n_B	300294bf52c16ee418ee3faec3989623ff42c325f8dda19f49547b9dfbfb66c5
公钥P_B	(3b4d4f83b08d369634ca5838c14d6160029f9510e9998b77205ff33c16f55d60, 1e098ab40ecb85ae387270bfddec051c7e4e6fed9801527280f79e2d90af2653)
K_B	(3b75083d29293d8c163e6c39106603116b4b4dec4aafb37b18ab04169c5eec6a, 47ef39e1a2cd7e22d3b929017cca998f7c3eea0ca579b86bc133d6c5d88db866)

第 3 组测试数据见表 9-9，数据均以十六进制串进行描述，描述时省略“ 0x ”。

表 9-9　基于 ECC 的 Diffie-Hellman 密钥交换协议测试数据 3

Alice 方	
私钥n_A	59cc5c943c58d670886705b4fc4dcbf5b10ea335140d50b4497d2d1193e44aaa
公钥P_A	(2acf093c5d8aaf6b644d5b47cb538dc3ac308579608c473626d2304177f2c5fe, 072af198832ac4d64b8b2998bba3e5b969c6e209a9f560106690eaa7b7e78677)
K_A	(0384fc0227683f4e0299ae291c20f66592d75d2edaf9ac8b19610e369f48fefa, 773bd11ead413f6e212695eeafd222488d93a2cfbf0b18a6562b4eeaedc22860)
Bob 方	
私钥n_B	74ad38c5a83eaca9e11b6bb71ca34c40a9f2df7ae503b3ec7c74811e4e987306
公钥P_B	(303d61f6f52f75f2873527410d97fc6e0258464a968d9d6151d6eb94fb1039cf, 6de5d0c159a26113deacc3eafb4bf622148e9629bf33d1dedf083208163bd9c7)
K_B	(0384fc0227683f4e0299ae291c20f66592d75d2edaf9ac8b19610e369f48fefa, 773bd11ead413f6e212695eeafd222488d93a2cfbf0b18a6562b4eeaedc22860)

9.4 思考题

（1）Alice 和 Bob 选择 Diffie-Hellman 密钥交换协议进行通信，假设双方商定素数 $q=97$，基本原根 $g=5$，通信中 Alice 选择的整数为 $x=36$，Bob 选择的整数为 $y=58$，试计算双方的共享密钥。

（2）在 Diffie-Hellman 密钥交换协议中，通信双方商定的素数 q、基本原根 g 和通信双方各自选择的整数这 4 个参数在选择时有哪些注意事项？并简要说明原因。

第 10 章　ECC 算法

ECC（Elliptic Curve Cryptography，椭圆曲线密码）算法是一种公钥密码算法，使用椭圆曲线上离散对数问题的计算困难性来保证算法安全。通常来说，160 位密钥的 ECC 算法提供的安全强度与 1024 位密钥的 RSA 算法相当。在提供相同安全强度的情况下，ECC 算法的加密和解密操作速度比 RSA 算法更快。ECC 算法于 1985 年被首次提出，在 21 世纪得到广泛应用。ECC 算法应用范围很广，常见的安全协议（如 HTTPS、SSL 等）所采用的加密技术之一就是 ECC 加密技术，比特币所选用的签名算法是 ECC 数字签名算法。

10.1　算法原理

椭圆曲线的方程一般可以表示为：

$$y^2 + axy + by = x^3 + cx^2 + dx + e$$

式中，a、b、c、d、e是实数；x、y在实数集上取值。对于椭圆曲线上的算法来说，可以用下述方程表示椭圆曲线：

$$y^2 = x^3 + ax + b$$

在这个椭圆曲线上，对于不是互为负元的两个不同点$P = (x_P, y_P)$和$Q = (x_Q, y_Q)$来说，连接它们的曲线l的斜率为$\Delta = (y_Q - y_P)/(x_Q - x_P)$，$l$恰好与椭圆曲线相交于一点$S$，过$S$点作$y$轴的平行线$l'$，$l'$与椭圆曲线相交的另一点$R$就是$P+Q$，$R$的坐标为：

$$x_R = \Delta^2 - x_P - x_Q$$

$$y_R = -y_P + \Delta(x_P - x_R)$$

若椭圆曲线是定义在素数域$\mathbb{Z}_p$上的曲线，则曲线方程为：

$$y^2 \bmod p = (x^3 + ax + b) \bmod p$$

$$x_R = (\Delta^2 - x_P - x_Q) \bmod p$$

$$y_R = (-y_P + \Delta(x_P - x_R)) \bmod p$$

若椭圆曲线是在$\mathrm{GF}(2^m)$上构造的二元曲线，则曲线方程为：

$$y^2 + xy = x^3 + ax + b$$

式中，所有元素和计算都在$\mathrm{GF}(2^m)$上。

考虑方程$Q = [k]P$，其中Q、$P \in E_p(a,b)$且k小于椭圆曲线群的阶。对于给定的k和P，计算Q比较容易，而对于给定的Q和P，计算k比较困难，这就是椭圆曲线上的离散对数问题。

当设置全局域参数时，密码应用中常见的椭圆曲线有两类：$\mathbb{Z}_p$上的素数域椭圆曲线和$GF(2^m)$上的二元域椭圆曲线。假设采用$\mathbb{Z}_p$上的素数域椭圆曲线，则全局域参数如表 10-1 所示。

表 10-1　全局域参数

参　数	中 文 解 释
p	一个素数
a、b	$\mathbb{Z}_p$上的整数，通过方程$y^2 = x^3 + ax + b$定义椭圆曲线
G	满足椭圆曲线方程的基点，其具有素数阶n，表示为$G = (x_g, y_g)$
n	G的阶，n是满足$[n]G = O$的最小正整数，其中O是无穷远点
h	余因子（可选），$h = \#E_p(a,b)/n$，$\#E_p(a,b)$是椭圆曲线上点的个数

10.1.1　基于 ECC 的加解密算法

基于 ECC 的加解密算法包括密钥生成算法、加密算法和解密算法。参与加解密的所有通信方使用相同的全局域参数，用于定义椭圆曲线及曲线上的基点。具体过程如下：

（1）密钥生成：用户 B 首先选择整数$n_B \in [1, n-2]$作为私钥，然后生成公钥$P_B = [n_B]G$，该公钥是曲线$E_p(a,b)$上的一个点；

（2）加密：用户 A 首先将明文m编码为曲线$E_p(a,b)$上的一个点$P_m = (x_m, y_m)$，然后随机选择一个正整数k，并产生密文$C_m = (C_1, C_2) = ([k]G, P_m + [k]P_B)$，$P_B$是用户 B 的公钥；

（3）解密：用户 B 接收到密文后，计算$P_m = C_2 - [n_B]C_1$。由于

$$C_2 - [n_B]C_1 = P_m + [k]P_B - [n_B]([k]G) = P_m + [k](P_B - [n_B]G) = P_m$$

因此可以验证解密的结果和明文编码后的结果相同。

10.1.2　基于 ECC 的数字签名算法

基于 ECC 的数字签名算法包括密钥生成算法、签名算法和签名验证算法。参与数字签名的所有通信方使用相同的全局域参数，用于定义椭圆曲线及曲线上的基点。具体过程如下：

第一步，密钥生成。用户 A 首先选择整数$n_A \in [1, n-1]$作为私钥，然后生成公钥$P_A = [n_A]G$，该公钥是曲线$E_p(a,b)$上的一个点。

第二步，签名。执行如下步骤：

（1）选择随机整数k，$k \in [1, n-1]$；

（2）计算曲线的解点$P = (x, y) = [k]G$，以及$r = x \bmod n$。如果$r = 0$，则跳至步骤（1）；

（3）计算$t = k^{-1} \bmod n$；

（4）计算$e = H(m)$，这里H是杂凑函数；

（5）计算$s = k^{-1}(e + dr) \bmod n$。如果$s=0$，则跳至步骤（1）。

消息 m 的签名是 (r,s) 对。

第三步，签名验证。用户 B 拥有公开的全局域参数和用户 A 的公钥。用户 B 收到用户 A 发送的消息和数字签名后，签名的验证步骤如下：

（1）检验 r 和 s 是否为 $1 \sim n-1$ 的整数；

（2）计算杂凑值 $e = H(m)$；

（3）计算 $w = s^{-1} \bmod n$，计算 $u_1 = ew \bmod n$ 和 $u_2 = rw \bmod n$；

（4）计算解点 $X = (x_1, y_1) = [u_1]G + [u_2]P_A$；

（5）如果 $X = O$，则拒绝该签名；否则计算 $v = x_1 \bmod n$；

（6）当且仅当 $v = r$ 时，接受该签名。

10.2 算法伪代码

本节介绍上述算法的伪代码描述，对于点 P 的坐标，伪代码中使用 $P.x$ 代表其横坐标，使用 $P.y$ 代表其纵坐标，伪代码清单如表 10-2 所示。

表 10-2　伪代码清单

算法序号	算　法	算法名
10.2.1.1	点加运算	ecc_add
10.2.1.2	数乘运算	ecc_mul
10.2.1.3	取负运算	ecc_neg
10.2.2.1	密钥生成算法	ecc_key_gen
10.2.3.1	加密算法	ecc_encrypt
10.2.3.2	解密算法	ecc_decrypt
10.2.4.1	签名算法	ecc_sign
10.2.4.2	签名验证算法	ecc_verify

10.2.1 椭圆曲线基础运算算法伪代码

1．点加运算

ecc_add 算法的输入为椭圆曲线上的点 P、点 Q 和椭圆曲线群 group，输出为加法结果 $P+Q$。伪代码如下：

算法 10.2.1.1　ecc_add(P, Q, group)

```
// 输入：点 P 、点 Q 和椭圆曲线群 group
// 输出：加法结果 P + Q
if  P = O  then
    return  Q
if  Q = O  then
```

```
        return  P
    if  Q = −P  then
        return  O
    if  P = Q  then
        λ ← (3·(P.x)^2 + group.a) / (2·P.y) mod group.p
    else
        λ ← (Q.y − P.y) / (Q.x − P.x) mod group.p
    result.x ← (λ^2 − P.x − Q.x) mod group.p
    result.y ← (λ·(P.x − result.x) − P.y) mod group.p
    return  result
```

2．数乘运算

ecc_mul 算法的输入为整数 n、椭圆曲线上的点 Q 和椭圆曲线群 group，输出为乘法结果 $[n]Q$。伪代码如下：

算法 10.2.1.2　ecc_mul(n, Q, group)

```
    // 输入：整数 n、点 Q 和椭圆曲线群 group
    // 输出：乘法结果 [n]Q
    result ← O
    tmp ← Q
    while  n>0  do
        if  n ≡ 1 (mod 2)  then
            result ← ecc_add(result, tmp, group)
        tmp ← ecc_add(tmp, tmp, group)
        n ← n / 2
    return  result
```

3．取负运算

ecc_neg 算法的输入为椭圆曲线上的点 P 和椭圆曲线群 group，输出为 P 的负元 $-P$。伪代码如下：

算法 10.2.1.3　ecc_neg(P, group)

```
    // 输入：点 P 和椭圆曲线群 group
    // 输出：−P
    result.x ← P.x
    result.y ← group.p − P.y
    return  result
```

10.2.2　密钥生成算法伪代码

ecc_key_gen 算法的功能是生成加解密时所需要的公私钥对(pk,sk)。该算法的输入为椭圆曲线群 group，输出为公私钥对(pk,sk)，其中 pk 为椭圆曲线上的点，sk 为整数。伪代码如下：

算法 10.2.2.1　ecc_key_gen(group)

```
// 输入：椭圆曲线群 group
// 输出：公私钥对(pk, sk)
sk ←_R [1, group.n − 2]
pk ← [sk]group.G
return (pk, sk)
```

10.2.3　基于 ECC 的加解密算法伪代码

1．加密算法

加密算法 ecc_encrypt 的输入为椭圆曲线上的点 plaintext 、公钥 pk 和椭圆曲线群 group，输出为密文 ciphertext $=(C_1,C_2)$。实际使用时需要使用特定算法将消息串转变为椭圆曲线上的点，书中略去这一步。感兴趣的读者可以自行查阅相关资料进行实现。

算法 10.2.3.1　ecc_encrypt(plaintext, pk, group)

```
// 输入：点 plaintext 、公钥 pk 和椭圆曲线群 group
// 输出：密文(C1,C2)
k ←_R [1, group.n − 1]
C1 ← [k]group.G
C2 ← plaintext + [k]pk
return (C1,C2)
```

2．解密算法

解密算法 ecc_decrypt 的输入为密文 ciphertext 、私钥 sk 和椭圆曲线群 group，输出为椭圆曲线上的点 plaintext 。伪代码如下：

算法 10.2.3.2　ecc_decrypt(ciphertext, sk, group)

```
// 输入：密文 ciphertext 、私钥 sk 和椭圆曲线群 group
// 输出：点 plaintext
C1,C2 ← ciphertext
plaintext ← C2 − [sk]C1
return plaintext
```

10.2.4 基于 ECC 的数字签名算法伪代码

1．签名算法

签名算法 ecc_sign 的输入为消息 msg 、签名者私钥 sk 、椭圆曲线群 group 和杂凑函数 hash ，输出为签名值 (r,s) 。伪代码如下：

算法 10.2.4.1 ecc_sign(msg,sk,group,hash)

// 输入：消息 msg 、签名者私钥 sk 、椭圆曲线群 group 和杂凑函数 hash

// 输出：签名值 (r,s)

$k \leftarrow_R [1, \text{group}.n-1]$

$P \leftarrow [k]\text{group}.G$

$r \leftarrow P.x \bmod \text{group}.n$

if $r=0$ **then**

  回到算法开头，重新选择 k

$t \leftarrow k^{-1} \bmod \text{group}.n$

$e \leftarrow \text{hash}(\text{msg})$

$s \leftarrow t \cdot (e + \text{sk} \cdot r) \bmod \text{group}.n$

if $s=0$ **then**

  回到算法开头，重新选择 k

return (r,s)

2．签名验证算法

签名验证算法 ecc_verify 的输入为需要验证的签名 sign $=(r,s)$ 、消息 msg 、签名者公钥 pk 、椭圆曲线群 group 和杂凑函数 hash ，输出为验证结果 True 或 False 。伪代码如下：

算法 10.2.4.2 ecc_verify(sign, msg, pk, group, hash)

// 输入：签名 sign 、消息 msg 、签名者公钥 pk 、
  椭圆曲线群 group 和杂凑函数 hash

// 输出：验证结果 True 或 False

$r, s \leftarrow \text{sign}$

$w \leftarrow s^{-1} \bmod \text{group}.n$

$e \leftarrow \text{hash}(\text{msg})$

$u_1 \leftarrow e \cdot w \bmod \text{group}.n$

$u_2 \leftarrow r \cdot w \bmod \text{group}.n$

$X \leftarrow [u_1]\text{group}.G + [u_2]\text{pk}$

if $X \neq O$ **and** $X.x \equiv r \pmod{\text{group}.n}$ **then**

  return True

```
        else
            return False
```

10.3　算法实现与测试

算法实现使用 Python（版本大于 3.9），下面介绍如何实现 ECC 算法。ECC 算法在实现时需要定义椭圆曲线基点 ECPoint 及椭圆曲线群 ECGroup 的类型。椭圆曲线基点 ECPoint 类型定义为长度为 2 的元组，索引 0 和 1 分别对应基点的 x 和 y 坐标。椭圆曲线群 ECGroup 类型定义为 Python 中的一个类，包含椭圆曲线群的各个参数 a、b、p、G、n 和 h，参数定义如表 10-3 所示。

表 10-3　ECGroup 参数定义

变　量　名	类　　型	中文解释
a	int	椭圆曲线参数
b	int	椭圆曲线参数
p	int	椭圆曲线参数
G	ECPoint	椭圆曲线上的一个基点
n	int	基点 G 的阶数
h	int	余因子（可选）

针对 ECC 算法，本节给出使用 Python 实现的源代码及相应的测试数据。源代码清单如表 10-4 所示。

表 10-4　源代码清单

文　件　名	包含算法
ecc.py	椭圆曲线基础运算算法
ecc_crypto.py	基于 ECC 的加解密算法、数字签名算法
exgcd.py	扩展欧几里得算法
sha1.py	SHA-1 算法

因为椭圆曲线基础运算算法、密钥生成算法的正确性可通过基于 ECC 的加密算法、数字签名算法的中间数据进行测试，所以此处仅给出基于 ECC 的加解密算法、数字签名算法对应的测试数据。

10.3.1　基于 ECC 的加解密算法实现与测试

本节使用了 3 组不同密钥，选择参数 $p=23$，$E_p(a,b)=E_{23}(1,4)$，即椭圆曲线方程为 $y^2=x^3+x+4$，基点为 $G=(0,2)$，基点 G 的阶数 $n=29$。下面给出 3 组加密测试数据，如表 10-5 所示。

表 10-5　加密测试数据

序　　号	明　　文	随机数 k	私钥 sk	公钥 pk	密　　文
1	(1, 12)	19	27	(13, 11)	{(22, 18), (7, 3)}
2	(1, 12)	19	23	(9, 12)	{(22, 18), (9, 11)}
3	(1, 12)	19	7	(15, 6)	{(22, 18), (14, 18)}

以表 10-5 中第 1 组测试数据为例，给出加解密中间数据，如表 10-6 所示。

表 10-6　加解密中间数据

参　　数	计 算 结 果
私钥 sk	27
公钥 pk	(13, 11)
C_1	(22, 18)
$[k]\mathrm{pk}$	[19]·(13, 11)=(4, 16)
C_2	(7, 3)
$[\mathrm{sk}]C_1$	[27]·(22, 18)=(4, 16)

10.3.2　基于 ECC 的数字签名算法实现与测试

在本节测试数据中，椭圆曲线和基点的选择并不做变化，选择参数 $p=23$，$E_p(a,b)=E_{23}(1,4)$，即椭圆曲线方程为 $y^2=x^3+x+4$，基点为 $G=(0,2)$，基点 G 的阶数 $n=29$。数字签名所使用的公私钥对 $(\mathrm{pk},\mathrm{sk})$ 固定为 $\mathrm{pk}=(0,21)$、$\mathrm{sk}=28$。下面给出 4 组数字签名测试数据，每组测试数据都会给出对应的随机数 k，杂凑函数使用 SHA-1，如表 10-7 所示。

表 10-7　数字签名测试数据

待签名消息	随机数 k	签 名 结 果
hello world	15	(18, 25)
hello world	16	(8, 15)
hello world	17	(17, 17)

当待签名消息为“hello world”且随机数 $k=15$ 时，产生的中间数据如表 10-8 所示。

表 10-8　数字签名中间数据

待签名消息	hello world
待签名消息（十六进制串）	0x68656c6c6f20776f726c64
随机数 k	15
$P=[k]G$	(18, 14)
$r=P.x$	18
$k^{-1} \bmod n$	2
待签名消息的杂凑值 e	0x2aae6c35c94fcfb415dbe95f408b9ce91ee846ed
签名结果	(18, 25)

10.4　思考题

（1）设 E 为 $E_{23}(1,1)$，列出 E 上的 5 个点。

（2）椭圆曲线基础运算中哪种运算较为耗时？请说明原因并尝试减少运算所需时间。

第 11 章　SHA-1 算法

在安全应用中使用的杂凑（Hash）函数称为密码学杂凑函数。常用的几种密码学杂凑函数有 MD 系列、SHA 系列等。安全杂凑算法 SHA（Security Hash Algorithm）是使用最为广泛的杂凑函数，由美国国家标准与技术研究院（NIST）设计，并于 1993 年作为联邦信息处理标准（FIPS 180）发布，该版本称为 SHA-0，修订版于 1995 年发布（FIPS 180-1），通常称之为 SHA-1，即安全杂凑标准。

11.1　算法原理

11.1.1　SHA-1 算法整体结构

SHA-1 算法要求输入消息的长度小于 2^{64} 位，将输入消息按 512 位分组进行处理，输出长度为 160 位。图 11-1 显示了 SHA-1 算法生成消息杂凑值的过程。算法过程如下：

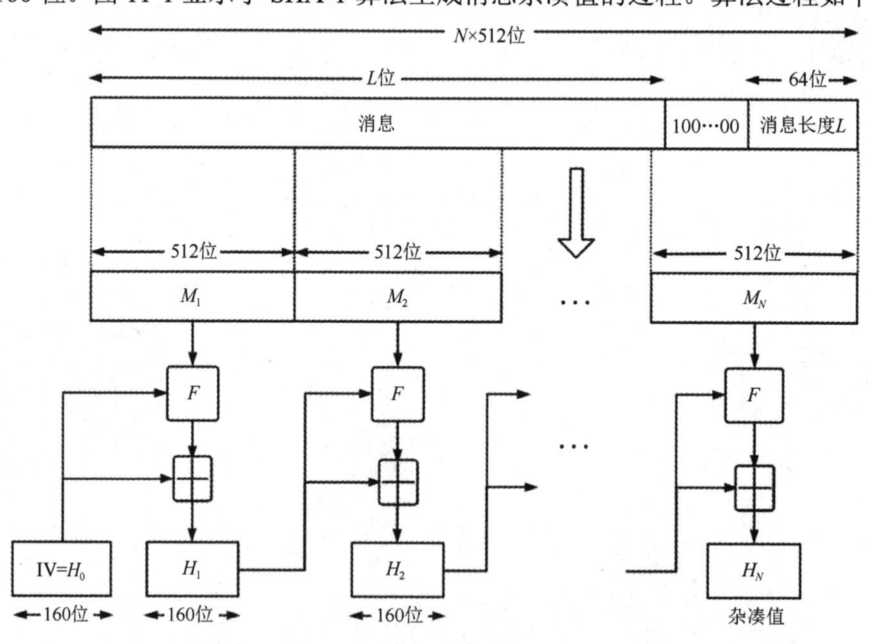

图 11-1　SHA-1 算法生成消息杂凑值的过程

第 1 步：位填充。填充消息使其比特长度满足 $n \equiv 448 \pmod{512}$，填充由一个 1 和若干个 0 组成；

第 2 步：长度填充。用 64 位表示消息位填充前的长度，将其附加在位填充的消息后面；

第 3 步：初始化缓冲区；

第 4 步：以 512 位分组为单位处理消息；

第 5 步：输出结果。

11.1.2　SHA-1 算法详细结构

1．SHA-1 算法的分组

对于任意长度的消息，首先需要在消息后添加位数，使消息总长度模 512 与 448 同余。在消息后添加位数的方法是第一位是 1，其余都是 0。然后将消息原始的长度（没有添加位数以前的消息比特长度）以 64 位表示，附加于消息后，此时的消息长度正好是 512 位的倍数。SHA-1 算法的原始消息长度不能超过 2^{64} 位。另外，SHA-1 算法的消息长度从低位开始填充。对填充后的消息按 512 位的长度进行分组，表示为 $Y_0,Y_1,\cdots,Y_{L-1}$。

对于 512 位的消息分组，SHA-1 算法将其分成 16 个子消息分组，每个子消息分组为 32 位，使用 $M[k]$（$k=0,1,\cdots,15$）表示。之后将 16 个子消息分组扩充到 80 个子消息分组进行后续计算，记为 $W[k]$（$k=0,1,\cdots,79$），扩充方法为：当 $0\leqslant t\leqslant 15$ 时，$W_t=M_t$；当 $16\leqslant t\leqslant 79$ 时，$W_t=\left(W_{t-3}\oplus W_{t-8}\oplus W_{t-14}\oplus W_{t-16}\right)\lll_{32}1$。

2．SHA-1 算法的 4 轮运算

SHA-1 算法有 4 轮运算，每一轮运算包括 20 个步骤（共 80 步），最后产生 160 位杂凑值。SHA-1 算法对单个 512 位分组的处理如图 11-2 所示。

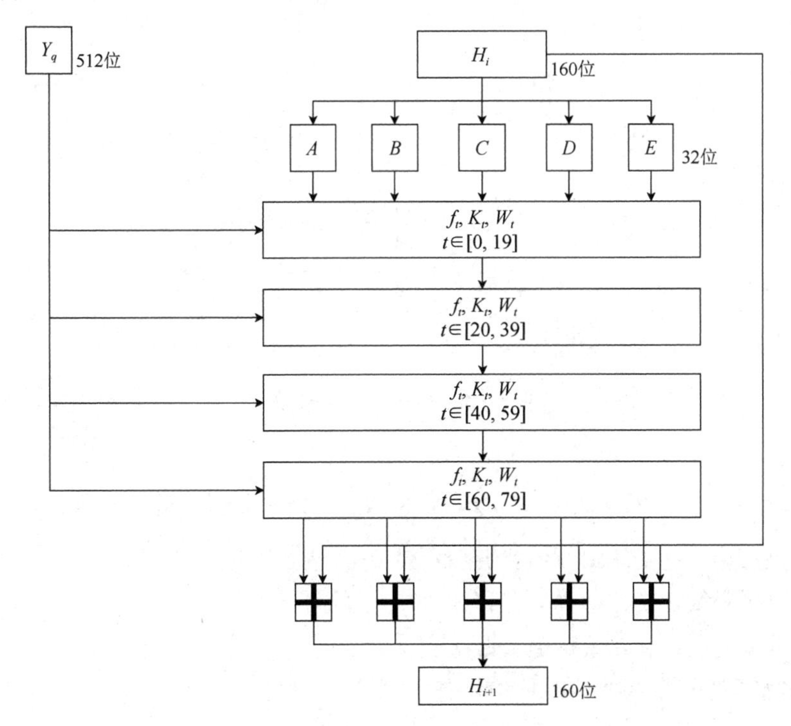

图 11-2　SHA-1 算法对单个 512 位分组的处理

160 位杂凑值存放在 5 个 32 位的链接变量中，分别标记为 A、B、C、D、E，初始值以十六进制数表示如下：

$$A = \text{0x67452301}$$
$$B = \text{0xEFCDAB89}$$
$$C = \text{0x98BADCFE}$$
$$D = \text{0x10325476}$$
$$E = \text{0xC3D2E1F0}$$

当第 1 轮运算中的第 1 步开始处理时，A、B、C、D、E 这 5 个链接变量中的值先赋值到 5 个记录单元 A'、B'、C'、D'、E' 中。这 5 个值将保留，用于在第 4 轮的最后一个步骤完成后与链接变量 A、B、C、D、E 进行求和操作。SHA-1 算法的 4 轮运算使用同一个函数，称为轮函数，轮函数的内部结构如图 11-3 所示，表示为如下形式：

$$A,B,C,D,E \leftarrow \left[\left(A \lll_{32} 5\right) + f_t\left(B,C,D\right) + E + W_t + K_t\right], A, \left(B \lll_{32} 30\right), C, D$$

式中，$f_t\left(B,C,D\right)$ 为逻辑函数；W_t 为子消息分组 $W[t]$；K_t 为固定常数。

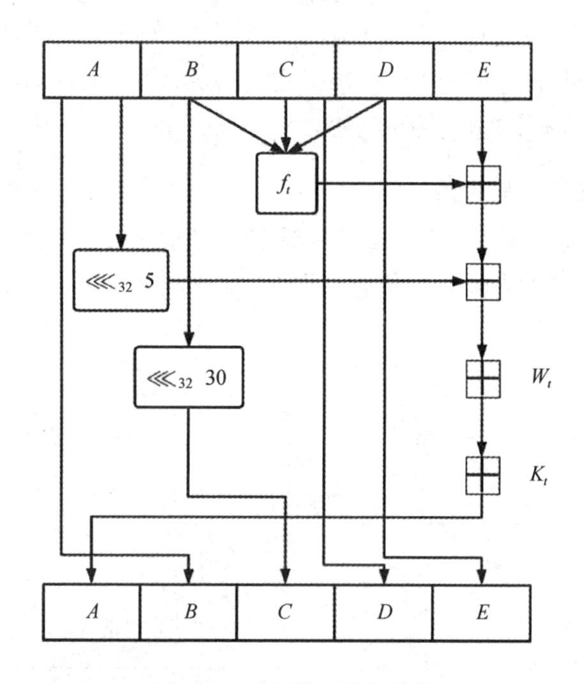

图 11-3 轮函数的内部结构

轮函数的具体意义为：

（1）将 $\left[\left(A \lll_{32} 5\right) + f_t\left(B,C,D\right) + E + W_t + K_t\right]$ 的结果赋值给链接变量 A；

（2）将链接变量 A 初始值赋值给链接变量 B；

（3）将链接变量 B 初始值循环左移 30 位赋值给链接变量 C；

（4）将链接变量 C 初始值赋值给链接变量 D；

（5）将链接变量 D 初始值赋值给链接变量 E。

3．SHA-1 算法的逻辑函数

SHA-1 算法的逻辑函数如表 11-1 所示。

表 11-1　SHA-1 算法的逻辑函数

轮　次	步　骤	函数定义
1	$0 \leqslant t \leqslant 19$	$f_t(B,C,D)=(B\wedge C)\vee(\bar{B}\wedge D)$
2	$20 \leqslant t \leqslant 39$	$f_t(B,C,D)=B\oplus C\oplus D$
3	$40 \leqslant t \leqslant 59$	$f_t(B,C,D)=(B\wedge C)\vee(B\wedge D)\vee(C\wedge D)$
4	$60 \leqslant t \leqslant 79$	$f_t(B,C,D)=B\oplus C\oplus D$

在操作程序中需要使用固定常数 K_t（$t=0,1,\cdots,79$），其取值如表 11-2 所示。

表 11-2　固定常数 K_t 的取值

轮　次	步　骤	取　值
1	$0 \leqslant t \leqslant 19$	K_t = 0x5A827999
2	$20 \leqslant t \leqslant 39$	K_t = 0x6ED9EBA1
3	$40 \leqslant t \leqslant 59$	K_t = 0x8F1BBCDC
4	$60 \leqslant t \leqslant 79$	K_t = 0xCA62C1D6

11.2　算法伪代码

本节介绍上述算法的伪代码描述，伪代码清单如表 11-3 所示。

表 11-3　伪代码清单

算法序号	算　法	算法名
11.2.1.1	杂凑算法	sha1_digest
11.2.2.1	消息填充算法	sha1_padding
11.2.3.1	字扩展算法	sha1_extend
11.2.4.1	轮函数	sha1_round
11.2.5.1	逻辑函数	sha1_f

11.2.1　杂凑算法伪代码

杂凑算法 sha1_digest 的输入为消息的编码 msg，输出为消息的杂凑值 digest。伪代码如下：

算法 11.2.1.1　sha1_digest(msg)

// 输入：消息的编码 msg

// 输出：消息的杂凑值 digest

digest ← ε

K ← [0x5A827999, 0x6ED9EBA1, 0x8F1BBCDC, 0xCA62C1D6]

$H \leftarrow [0x67452301, 0xEFCDAB89, 0x98BADCFE, 0x10325476, 0xC3D2E1F0]$
$\mathrm{EM} \leftarrow \mathrm{sha1\_padding}(\mathrm{msg})$
将 EM 按照 512 位一组分为 l 组
for $i \leftarrow 0$ **to** $l-1$ **do**
  $M[i] \leftarrow$ EM 中第 i 个分组
  $W \leftarrow \mathrm{sha1\_extend}(M[i])$
  $\mathrm{sha1\_round}(W, H, K)$
$\mathrm{digest} \leftarrow H[0] \| H[1] \| H[2] \| H[3] \| H[4]$
return digest

11.2.2 消息填充算法伪代码

消息填充算法 sha1_padding 负责把消息填充到需要的长度，并且写入消息的长度信息，填充后的消息的比特长度应该为 512 位的整数倍。消息填充算法 sha1_padding 的输入为需要填充的消息 msg，输出为填充后的消息 EM 。伪代码如下：

算法 11.2.2.1 sha1_padding(msg)

// 输入：需要填充的消息 msg
// 输出：填充后的消息 EM
将消息转换成二进制串 bin_text
$\mathrm{init\_len} \leftarrow$ bin_text 的比特长度
// 填充
$\mathrm{bin\_text} \leftarrow \mathrm{bin\_text} \| 0b1$
$\mathrm{bin\_len} \leftarrow \mathrm{init\_len} + 1$
while $\mathrm{bin\_len} \bmod 512 \neq 448$ **do**
  $\mathrm{bin\_text} \leftarrow \mathrm{bin\_text} \| 0b0$
  $\mathrm{bin\_len} \leftarrow \mathrm{bit\_len} + 1$
将 init_len 用 64 位的格式补充在 bin_text 最后
EM ← 将 bin_text 转换成十六进制串
return EM

11.2.3 字扩展算法伪代码

字扩展算法 sha1_extend 的输入为需要扩展的一组消息 M，输出为扩展后的 80 个子消息分组 W 。伪代码如下：

算法 11.2.3.1 sha1_extend(M)

// 输入：需要扩展的一组消息 M

```
// 输出：扩展后的 80 个子消息分组 W
W[0,1,⋯,15] ← M
for i ← 16 to 79 do
    W[i] ← W[i−3] ⊕ W[i−8] ⊕ W[i−14] ⊕ W[i−16]
    W[i] ← W[i] ⋘_32 1
return W
```

11.2.4 轮函数伪代码

轮函数 sha1_round 的输入为子消息分组 W 、数组 H 和参数 K ，输出为迭代更新后的数组 H 。伪代码如下：

算法 11.2.4.1 sha1_round$(\boldsymbol{W}, \boldsymbol{H}, \boldsymbol{K})$

```
// 输入：子消息分组 W 、数组 H 和参数 K
// 输出：迭代更新后的数组 H
a,b,c,d,e ← H[0],H[1],H[2],H[3],H[4]
for j ← 0 to 79 do
    temp ← a ⋘_32 5 + sha1_f(b,c,d,j) + e + W[j] + K[⌊j/20⌋]
    e ← d
    d ← c
    c ← b ⋘_32 30
    b ← a
    a ← temp mod 2^32
H[0] ← (H[0] + a) mod 2^32
H[1] ← (H[1] + b) mod 2^32
H[2] ← (H[2] + c) mod 2^32
H[3] ← (H[3] + d) mod 2^32
H[4] ← (H[4] + e) mod 2^32
return H
```

11.2.5 逻辑函数伪代码

逻辑函数 sha1_f 在 80 步中各不相同，具体如下：

算法 11.2.5.1 sha1_f$(\boldsymbol{x}, \boldsymbol{y}, \boldsymbol{z}, \boldsymbol{r})$

```
// 输入：逻辑函数输入数据 x、y、z ，当前步骤 r
```

// 输出：逻辑函数输出 res
if $r < 20$ **then**
  res $\leftarrow (x \wedge y) \vee (\bar{x} \wedge z)$
else if $r < 40$ **then**
  res $\leftarrow x \oplus y \oplus z$
else if $r < 60$ **then**
  res $\leftarrow (x \wedge y) \vee (x \wedge z) \vee (y \wedge z)$
else
  res $\leftarrow x \oplus y \oplus z$
return res

11.3 算法实现与测试

针对 SHA-1 算法，本节给出使用 Python（版本大于 3.9）实现的源代码及相应的测试数据。源代码清单如表 11-4 所示，其中，对于杂凑值生成，本书根据输出形式的不同，实现两种算法，分别为 sha1_digest 和 sha1_hexdigest。两者的输入相同，区别在于前者的输出为字节串，后者的输出为十六进制串。

表 11-4 源代码清单

文件名	包含算法
sha1.py	SHA-1 算法

首先给出 3 组 SHA-1 算法的输入输出测试数据，如表 11-5 所示。

表 11-5 SHA-1 算法的输入输出测试数据

序号	输入	输出
1	School of Cyber Science and Technology	0x8cf0b950d33a13b0918 2ffd21d60ef08fb3240dc
2	SHA-1 算法的输入是长度小于 2 的 64 次方的任意消息 X，输出是 160 位的杂凑值。	0xe666a2cc0bec9c828b11 3f228b8825e04fa1cb87
3	在安全应用中使用的杂凑函数称为密码学杂凑函数。常用的几种密码学杂凑函数有 MD 系列、SHA 系列等。安全杂凑算法 SHA（Security Hash Algorithm）是使用最为广泛的杂凑函数，由美国国家标准与技术研究院（NIST）设计，并于 1993 年作为联邦信息处理标准（FIPS 180）发布，该版本称为 SHA-0，修订版于 1995 年发布（FIPS 180-1），通常称之为 SHA-1，即安全杂凑标准。	0x7ad502483611bfcec18a 5902dd0cb7f56572364b

针对表 11-5 中 SHA-1 算法的第 1 组输入输出测试数据，给出中间数据，如表 11-6 所示，均以二进制串进行描述，描述时省略“ 0b ”。

表 11-6　SHA-1 算法中间数据

<table>
<tr><td>消 息 填 充</td><td>消息长度不足 512 位，只进行 1 次杂凑运算</td></tr>
<tr><td>EM</td><td>0101001101100011011010000110111101101111011011000010000001101111011001100010000001000011011
1100101100010011001010111001000100000010100110110001101101001011001010110111001100011011001
0100100000011000010110111001100100001000000101010001100101011000110110100001101110011011110
1101100011011110110011101111001100000000000000000000000000000000000000000000000000000000000
0000000000000000000000000000000000000000000000000000000000000000000000000000000000000000000
000000000000000000000000000000000000000000000000100110000</td></tr>
<tr><td>消 息 分 组</td><td></td></tr>
<tr><td>W[0]
～
W[15]</td><td>01010011011000110110100001101111,　01101111011011000010000001101111,
01100110001000000100001101111001, 01100010011001010111001000100000,
01010011011000110110100101100101, 01101110011000110110010100100000,
01100001011011100110010000100000, 01010100011001010110001101101000,
01101110011011110110110001101111,　01100111011111001100000000000000,
00000000000000000000000000000000, 00000000000000000000000000000000,
00000000000000000000000000000000, 00000000000000000000000000000000,
00000000000000000000000000000000, 00000000000000000000000100110000</td></tr>
<tr><td>W[16]
～
W[31]</td><td>10110110010110001000111011110010,　11010100111000011010010010011110,
01101010100001100101011001011000,　01110100101111010011001111100101,
11001101110110010101001110110111, 10100001000000001010000000100000,
11110111011110000111011101010100,　11111101100010110110001111011111,
11110010011011101000010101111010,　10001001110000001010011110010100,
00101110000110100110101100001111,　00001101101001110110110100111111,
10001000000110011111010000100110,　00011110001101011001010000111111,
10011001000011110010100100110010, 01000010101100100101110001101111</td></tr>
<tr><td>W[32]
～
W[47]</td><td>01100001000010111001001111011110 , 01100001001001100011001110111011,
10010111111011100110010100011111,　01110010001000101101101001001001,
10100111011010011111111000111101,　10101010101000000110010110111111,
11011100011101100000001010101011, 00100011001000001100110000110011,
00101111101111110001100000101000,　01110010011011111111011101110110,
00100101110011100101010011001010, 10011100000111000010011011000010,
10001000011101011001000001111111,　10100111110100111111001001001011,
01110000110111010011110100001011,　00010001100000100110011100110001</td></tr>
<tr><td>W[48]
～
W[63]</td><td>11111101000100000110100101000100,　00100011011011000100011100011110,
00001001100101110101000110110010,　01110011000111011110000011100001,
10100000000011000101011111101111,　01001111100010000001010011101010,
11100000000100011101111011010011,　11000001100000100001011100110111,
01110001110100000011001010011001, 01011010000111001001000011110010,
11001011010111010000010001100000, 01110010000001000000110111100010,
00000101011100001101010011010010, 01100101000010010000101111100000,
00111111101100010000111011111100,　11101100001110011100011110010101</td></tr>
</table>

续表

消 息 分 组					
$W[64]$ ～ $W[79]$	11000000101111000000000110001111l, 01101011101110000111001111100010, 00011101111111111000101101010001, 00011100010110111111010111101101, 01011101101010100101110000011000, 11101101111110010000011011011001, 01100100010101100010111010110111, 01010100000110100011100010010000, 00101111100100000110011001111111, 01001111111011011000000010001010, 00001111100100001100011011100111, 01001001100011010010101100100000, 01010001000011000000110101111000, 11010110101100100001100010010110, 10100101101011000001000011101001, 00000101001011110000001100111111				
迭代步骤 0～19	$f_t(B,C,D)=(B\wedge C)\vee(\overline{B}\wedge D)$；$k=0x5A827999$				
寄存器变量	A	B	C	D	E
第 0 步	0110011101000101 0010001100000001	1110111111001101 1010101110001001	1001100010111010 1101110011111110	0001000000110010 0101010001110110	1100001111010010 1110000111110000
第 1 步	1111001100011000 0000000100100010	0110011101000101 0010001100000001	0111101111110011 0110101011100010	1001100010111010 1101110011111110	0001000000110010 0101010001110110
第 2 步	0011100100011101 0001000111011010	1111001100011000 0000000100100010	0101100111010001 0100100011000000	0111101111110011 0110101011100010	1001100010111010 1101110011111110
第 3 步	1101011011110011 0100000000010111	0011100100011101 0001000111011010	1011110011000110 0000000001001000	0101100111010001 0100100011000000	0111101111110011 0110101011100010
第 4 步	1001000000000111 1010000111011101	1101011011110011 0100000000010111	1000111001000111 0100010001110110	1011110011000110 0000000001001000	0101100111010001 0100100011000000
第 5 步	1011011011110010 1010011111001110	1001000000000111 1010000111011101	1111010110111100 1101000000000101	1000111001000111 0100010001110110	1011110011000110 0000000001001000
第 6 步	0000001001000101 1001110011111110	1011011011110010 1010011111001110	0110010000000001 1110100001110111	1111010110111100 1101000000000101	1000111001000111 0100010001110110
第 7 步	1111011111111000 1011001000110110	0000001001000101 1001110011111110	1010110110111100 1010100111110011	0110010000000001 1110100001110111	1111010110111100 1101000000000101
第 8 步	0000011110111111 1101110011010111	1111011111111000 1011001000110110	1000000010010001 0110011100111111	1010110110111100 1010100111110011	0110010000000001 1110100001110111
第 9 步	1010110110000011 1001010101010110	0000011110111111 1101110011010111	1011110111111110 0010110010001101	1000000010010001 0110011100111111	1010110110111100 1010100111110011
第 10 步	1010010111101001 0111111000001110	1010110110000011 1001010101010110	1100000111101111 1111011100110101	1011110111111110 0010110010001101	1000000010010001 0110011100111111
第 11 步	0010101001000011 0110000001001001	1010010111101001 0111111000001110	1010101101100000 1110010101010101	1100000111101111 1111011100110101	1011110111111110 0010110010001101
第 12 步	0100001001010011 1001010010000000	0010101001000011 0110000001001001	1010100101111010 0101111110000011	1010101101100000 1110010101010101	1100000111101111 1111011100110101
第 13 步	0001000001000111 1100010111101011	0100001001010011 1001010010000000	0100101010010000 1101100000010010	1010100101111010 0101111110000011	1010101101100000 1110010101010101

续表

寄存器变量	A	B	C	D	E
第 14 步	1111101000010100 1111011101010011	0001000001000111 1100010111101011	0001000010010100 1110010100100000	0100101010010000 1101100000010010	1010100101111010 0101111110000011
第 15 步	1010000100110000 1010000011001011	1111101000010100 1111011101010011	1100010000010001 1111000101111010	0001000010010100 1110010100100000	0100101010010000 1101100000010010
第 16 步	1000101110111000 0101110111000001	1010000100110000 1010000011001011	1111111010000101 0011110111010100	1100010000010001 1111000101111010	0001000010010100 1110010100100000
第 17 步	0111110001111101 0001011111001100	1000101110111000 0101110111000001	1110100001001100 0010100000110010	1111111010000101 0011110111010100	1100010000010001 1111000101111010
第 18 步	0111111100100110 0011000101010100	0111110001111101 0001011111001100	0110001011101110 0001011101110000	1110100001001100 0010100000110010	1111111010000101 0011110111010100
第 19 步	1000100011000000 0111011111000110	0111111100100110 0011000101010100	0001111100011111 0100010111110011	0110001011101110 0001011101110000	1110100001001100 0010100000110010
迭代步骤 20～39	$f_t\left(B,C,D\right)=B\oplus C\oplus D$；$k=0x6ED9EBA1$				
第 20 步	1110111101101000 1101010111110001	1000100011000000 0111011111000110	0001111111001001 1000110001010101	0001111100011111 0100010111110011	0110001011101110 0001011101110000
第 21 步	0001010011010010 1101001101100101	1110111101101000 1101010111110001	1010001000110000 0001110111110001	0001111111001001 1000110001010101	0001111100011111 0100010111110011
第 22 步	0001101111100101 1000001010101011	0001010011010010 1101001101100101	0111101111011010 0011010101111100	1010001000110000 0001110111110001	0001111111001001 1000110001010101
第 23 步	1101000000000101 0100000010010101	0001101111100101 1000001010101011	0100010100110100 1011010011011001	0111101111011010 0011010101111100	1010001000110000 0001110111110001
第 24 步	0011010001001000 1000001100111001	1101000000000101 0100000010010101	1100011011111001 0110000010101010	0100010100110100 1011010011011001	0111101111011010 0011010101111100
第 25 步	1011100111111011 1010001010100011	0011010001001000 1000001100111001	0111010000000001 0101000000100101	1100011011111001 0110000010101010	0100010100110100 1011010011011001
第 26 步	0000001111110100 0101000000111011	1011100111111011 1010001010100011	0100110100010010 0010000011001110	0111010000000001 0101000000100101	1100011011111001 0110000010101010
第 27 步	0110001101100000 1001000100000010	0000001111110100 0101000000111011	1110111001111110 1110100010101000	0100110100010010 0010000011001110	0111010000000001 0101000000100101
第 28 步	1111110100101101 0110000110101110	0110001101100000 1001000100000010	1100000011111101 0001010000001110	1110111001111110 1110100010101000	0100110100010010 0010000011001110
第 29 步	0011011110101111 1001100000111000	1111110100101101 0110000110101110	1001100011011000 0010010001000000	1100000011111101 0001010000001110	1110111001111110 1110100010101000
第 30 步	0001011010001001 1100000101101110	0011011110101111 1001100000111000	1011111101001011 0101100001101011	1001100011011000 0010010001000000	1100000011111101 0001010000001110
第 31 步	1010101001011011 0011101010110110	0001011010001001 1100000101101110	0000110111101011 1110011000001110	1011111101001011 0101100001101011	1001100011011000 0010010001000000
第 32 步	0011100111110101 0100001000110000	1010101001011011 0011101010110110	1000010110100010 0111000001011011	0000110111101011 1110011000001110	1011111101001011 0101100001101011

续表

寄存器变量	A	B	C	D	E
第 33 步	1110111111101011 1100101011010100	0011100111110101 0100001000110000	1010101010010110 1100111010101101	1000010110100010 0111000001011011	0000110111101011 1110011000001110
第 34 步	1111001000100111 0101110011001101	1110111111101011 1100101011010100	0000111001111101 0101000010001100	1010101010010110 1100111010101101	1000010110100010 0111000001011011
第 35 步	0001110001010110 1010111111001110	1111001000100111 0101110011001101	0011101111111010 1111001010110101	0000111001111101 0101000010001100	1010101010010110 1100111010101101
第 36 步	1101111000001010 1000110101001110	0001110001010110 1010111111001110	0111110010001001 1101011100110011	0011101111111010 1111001010110101	0000111001111101 0101000010001100
第 37 步	0100000100111000 0110111010001101	1101111000001010 1000110101001110	1000011100010101 1010101111110011	0111110010001001 1101011100110011	0011101111111010 1111001010110101
第 38 步	1010001000011010 0000011101001011	0100000100111000 0110111010001101	1011011110000010 1010001101010011	1000011100010101 1010101111110011	0111110010001001 1101011100110011
第 39 步	0111110011001010 0001010100100000	1010001000011010 0000011101001011	0101000001001110 0001101110100011	1011011110000010 1010001101010011	1000011100010101 1010101111110011
迭代步骤 40～59	$f_t(B,C,D)=(B \wedge C) \vee (B \wedge D) \vee (C \wedge D)$；$k=$0x8F1BBCDC				
第 40 步	1111100000101001 1100011110010001	0111110011001010 0001010100100000	1110100010000110 1000000111010010	0101000001001110 0001101110100011	1011011110000010 1010001101010011
第 41 步	1111010001100011 1001010000111000	1111100000101001 1100011110010001	0001111100110010 1000010101001000	1110100010000110 1000000111010010	0101000001001110 0001101110100011
第 42 步	1101011001101110 1101110011100011	1111010001100011 1001010000111000	0111111000001010 0111000111100100	0001111100110010 1000010101001000	1110100010000110 1000000111010010
第 43 步	1110100101101110 1100010101011010	1101011001101110 1101110011100011	0011110100011000 1110010100001110	0111111000001010 0111000111100100	0001111100110010 1000010101001000
第 44 步	1111011001001110 0000101000101001	1110100101101110 1100010101011010	1111010110011011 1011011100111000	0011110100011000 1110010100001110	0111111000001010 0111000111100100
第 45 步	0101110001110111 1110100110010111	1111011001001110 0000101000101001	1011101001011011 1011000101010110	1111010110011011 1011011100111000	0011110100011000 1110010100001110
第 46 步	1111100101100001 0111101001011000	0101110001110111 1110100110010111	0111110110010011 1000001010001010	1011101001011011 1011000101010110	1111010110011011 1011011100111000
第 47 步	1001111000010111 1001110111010100	1111100101100001 0111101001011000	1101011100011101 1111101001100101	0111110110010011 1000001010001010	1011101001011011 1011000101010110
第 48 步	0001101011111111 1000101000111110	1001111000010111 1001110111010100	0011111001011000 0101111010010110	1101011100011101 1111101001100101	0111110110010011 1000001010001010
第 49 步	0000011111001110 1100111101000001	0001101011111111 1000101000111110	0010011110000101 1110011101110101	0011111001011000 0101111010010110	1101011100011101 1111101001100101
第 50 步	1100001001011101 1011010010110101	0000011111001110 1100111101000001	1000011010111111 1110001010001111	0010011110000101 1110011101110101	0011111001011000 0101111010010110
第 51 步	0010101001010001 1110101100100001	1100001001011101 1011010010110101	0100000111110011 1011001111010000	1000011010111111 1110001010001111	0010011110000101 1110011101110101

续表

寄存器变量	A	B	C	D	E
第 52 步	0011011011111100 1001101111101100	0010101001010001 1110101100100001	0111000010010111 0110110100101101	0100000111110011 1011001111010000	1000011010111111 1110001010001111
第 53 步	1111011001001111 0110000000000001	0011011011111100 1001101111101100	0100101010010100 0111101011001000	0111000010010111 0110110100101101	0100000111110011 1011001111010000
第 54 步	0101110100011000 0000000111000000	1111011001001111 0110000000000001	0000110110111111 0010011011111011	0100101010010100 0111101011001000	0111000010010111 0110110100101101
第 55 步	1101000101100100 1010001110110000	0101110100011000 0000000111000000	0111110110010011 1101100000000000	0000110110111111 0010011011111011	0100101010010100 0111101011001000
第 56 步	0010010101100001 1100010110110101	1101000101100100 1010001110110000	0001011101000110 0000000001110000	0111110110010011 1101100000000000	0000110110111111 0010011011111011
第 57 步	0001000000101010 0100110101000100	0010010101100001 1100010110110101	0011010001011001 0010100011101100	0001011101000110 0000000001110000	0111110110010011 1101100000000000
第 58 步	1010000101010110 1100111101000100	0001000000101010 0100110101000100	0100100101011000 0111000101101101	0011010001011001 0010100011101100	0001011101000110 0000000001110000
第 59 步	1010110011110001 0001001110101100	1010000101010110 1100111101000100	0000010000001010 1001001101010001	0100100101011000 0111000101101101	0011010001011001 0010100011101100
迭代步骤 60～79	$f_t(B,C,D)=B\oplus C\oplus D$；$k=0\text{xCA62C1D6}$				
第 60 步	1101010011110110 0011110010000100	1010110011110001 0001001110101100	0010100001010101 1011001111010001	0000010000001010 1001001101010001	0100100101011000 0111000101101101
第 61 步	0011100010100001 1100101111011011	1101010011110110 0011110010000100	0010101100111100 0100010011101011	0010100001010101 1011001111010001	0000010000001010 1001001101010001
第 62 步	0001111101001111 1010100000101100	0011100010100001 1100101111011011	0011010100111101 1000111100100001	0010101100111100 0100010011101011	0010100001010101 1011001111010001
第 63 步	0100001011111110 1000101000110111	0001111101001111 1010100000101100	1100111000101000 0111001011110110	0011010100111101 1000111100100001	0010101100111100 0100010011101011
第 64 步	0010011000000100 0110101100111001	0100001011111110 1000101000110111	0000011111010011 1110101000001011	1100111000101000 0111001011110110	0011010100111101 1000111100100001
第 65 步	0000101111101110 1100111000000100	0010011000000100 0110101100111001	1101000010111111 1010001010001101	0000011111010011 1110101000001011	1100111000101000 0111001011110110
第 66 步	0111001110000101 1000110011101110	0000101111101110 1100111000000100	0100100110000001 0001101011001110	1101000010111111 1010001010001101	0000011111010011 1110101000001011
第 67 步	1111001110111000 0100101101000111	0111001110000101 1000110011101110	0000001011111011 1011001110000001	0100100110000001 0001101011001110	1101000010111111 1010001010001101
第 68 步	0110011110000110 1110100011101111	1111001110111000 0100101101000111	1001110011100001 0110001100111011	0000001011111011 1011001110000001	0100100110000001 0001101011001110
第 69 步	1101000000001101 1111001010100101	0110011110000110 1110100011101111	1111110011101110 0001001011010001	1001110011100001 0110001100111011	0000001011111011 1011001110000001
第 70 步	1100010010011111 0110100111101111	1101000000001101 1111001010100101	1101100111100001 1011101000111011	1111110011101110 0001001011010001	1001110011100001 0110001100111011

续表

寄存器变量	*A*	*B*	*C*	*D*	*E*
第71步	0101010010001001 1110110000001111	1100010010011111 0110100111101111	0111010000000011 0111110010101001	1101100111100001 1011101000111011	1111110011101110 0001001011010001
第72步	0001011000100110 0011111010011110	0101010010001001 1110110000001111	1111000100100111 1101101001111011	0111010000000011 0111110010101001	1101100111100001 1011101000111011
第73步	0110101001001010 0000000100101111	0001011000100110 0011111010011110	1101010100100010 0111101100000011	1111000100100111 1101101001111011	0111010000000011 0111110010101001
第74步	0000100110110111 1000010011011100	0110101001001010 0000000100101111	1000010110001001 1000111110100111	1101010100100010 0111101100000011	1111000100100111 1101101001111011
第75步	0011110011101101 1111010001000100	0000100110110111 1000010011011100	1101101010010010 1000000001001011	1000010110001001 1000111110100111	1101010100100010 0111101100000011
第76步	1101110101111101 0111101110110000	0011110011101101 1111010001000100	0000001001101101 1110000100110111	1101101010010010 1000000001001011	1000010110001001 1000111110100111
第77步	0011010010111010 0110101001001000	1101110101111101 0111101110110000	0000111100111011 0111110100010001	0000001001101101 1110000100110111	1101101010010010 1000000001001011
第78步	1110001100100000 1000101101010011	0011010010111010 0110101001001000	0011011101011111 0101111011101100	0000111100111011 0111110100010001	0000001001101101 1110000100110111
第79步	1110001101101100 0110100000100111	1110001100100000 1000101101010011	0000110100101110 1001101010010010	0011011101011111 0101111011101100	0000111100111011 0111110100010001
$H[0]$~$H[4]$	0x67452301	0xefcdab89	0x98badcfe	0x10325476	0xc3d2e1f0
结果	0x8cf0b950	0xd33a13b0	0x9182ffd2	0x1d60ef08	0xfb3240dc

11.4 思考题

（1）SHA-1算法轮函数中的模2^{32}运算可以用什么方法替代，从而提高其在实现过程中的计算效率？

（2）杂凑函数容易受到碰撞攻击，试说明碰撞攻击的原理和方式，并尝试编程实现。

第 12 章　数字签名算法

数字签名（Digital Signature）又称公钥数字签名，是只有消息的发送者才能产生而别人无法伪造的一段数字串，这段数字串可以有效证明发送者发送消息的真实性。数字签名是用于验证数据真实性和完整性的加密机制，相比于传统手写签名方式具有更高的复杂性和安全性，广泛应用于电子商务和电子政务中，以保证传输电子文件的完整性、真实性和不可抵赖性。

12.1　算法原理

12.1.1　不带消息恢复功能的 RSA 数字签名算法

数字签名利用 RSA 算法完成，包括密钥生成算法、签名算法和验证算法。假设用户 B 想要签名并发送给用户 A，则执行如下操作。

1．密钥生成算法

（1）任选两个不同的大素数 p 和 q，计算 $n=pq$，$\varphi(n)=(p-1)(q-1)$；

（2）任选一个整数 e，满足 $e<\varphi(n)$ 且 $\gcd(e,\varphi(n))=1$，整数 e 为公钥 pk；

（3）作为私钥 sk 的 d，应满足 $d<\varphi(n)$ 且 $de\equiv 1(\bmod\ \varphi(n))$，即 $de=k\varphi(n)+1$，$k\geqslant 1$ 是一个任意的整数；

用户 B 公开整数 n 和 e，秘密保存私钥 d。

2．签名算法

（1）用户 B 使用安全杂凑函数产生消息的杂凑值 h；

（2）用户 B 将 h 用私钥签名，得到签名 S，即 $S=h^d \bmod n$；

（3）用户 B 把签名 S 附在发送消息的后面，即 $M\parallel S$，发送给用户 A。

3．验证算法

当用户 A 收到消息及签名后，验证过程如下：

（1）计算该消息的杂凑值 h；

（2）将收到的签名 S 用用户 B 的公钥验证，得到对应的 h'，$h'=S^e \bmod n$；

（3）如果 $h=h'$，则用户 A 确认该消息是用户 B 发出的。

12.1.2 RSA-PSS 数字签名算法

RSA 概率签名算法（RSA-PSS）是基于 RSA 的一种签名算法，被 RSA 实验室推荐为 RSA 各类算法中最安全的一种。RSA-PSS 算法包括掩码生成算法、消息编码算法、签名算法和验证算法。表 12-1 所示为 RSA-PSS 算法的参数。

表 12-1 RSA-PSS 算法的参数

选　项	Hash	输出长度是 hLen 字节的杂凑函数。目前的选择是 SHA-1，该算法产生 20 字节的杂凑值
	MGF	掩码生成算法，目前规范中使用的是 MGF1
	sLen	盐的字节长度。一般 sLen=hLen，当前版本为 20 字节
输　入	M	消息
	emBits	该数是比 RSA 模数 n 位长度小的值
输　出	EM	编码后的消息，用于加密后形成消息签名的消息杂凑值
参　数	emLen	EM 的字节长度，其值为[emBits/8]
	padding1	十六进制串 00 00 00 00 00 00 00 00，即 64 位的 0
	padding2	十六进制串若干个 00 后面跟着 01，其长度为 $(\text{emLen} - \text{sLen} - \text{hLen} - 2)$ 字节
	盐（salt）	伪随机字节串
	bc	188 的十六进制值，即 0xbc

1. 消息编码算法

消息编码是对消息 M 生成 RSA-PSS 签名的第一阶段，由 M 生成固定长度的消息杂凑值，算法详细过程如图 12-1 所示。

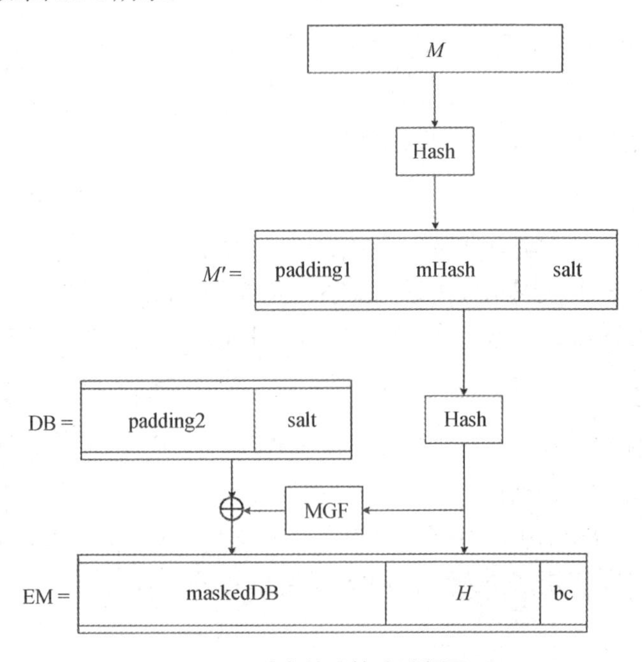

图 12-1 消息编码算法过程图

（1）生成消息 M 的杂凑值：$\text{mHash} = \text{Hash}(M)$；

（2）生成伪随机字节串作为盐，得到 $M' = \text{padding1} \| \text{mHash} \| \text{salt}$ 的数据块；

（3）生成 M' 的杂凑值：$H = \text{Hash}(M')$；

（4）构造数据 $\text{DB} = \text{padding2} \| \text{salt}$；

（5）计算 H 的 MGF 值：$\text{dbMask} = \text{MGF}(H, \text{emLen} - \text{hLen} - 1)$；

（6）计算 $\text{maskedDB} = \text{DB} \oplus \text{dbMask}$；

（7）$\text{EM} = \text{maskedDB} \| H \| \text{bc}$。

2. 签名算法

拥有私钥 (d,n) 和公钥 (e,n) 的发送者计算签名如下：

（1）将字节串 EM 作为无符号的非负二进制整数 m；

（2）计算 $s = m^d \bmod n$；

（3）令 k 是 RSA 模数 n 的字节长度，如 RSA 的密钥长度是 2048 位，则 $k = 2048/8 = 256$，将计算出的签名值 s 转换成 k 字节的串 S。

3. 验证算法

接收者收到签名后，通过验证算法进行验证，如图 12-2 所示。

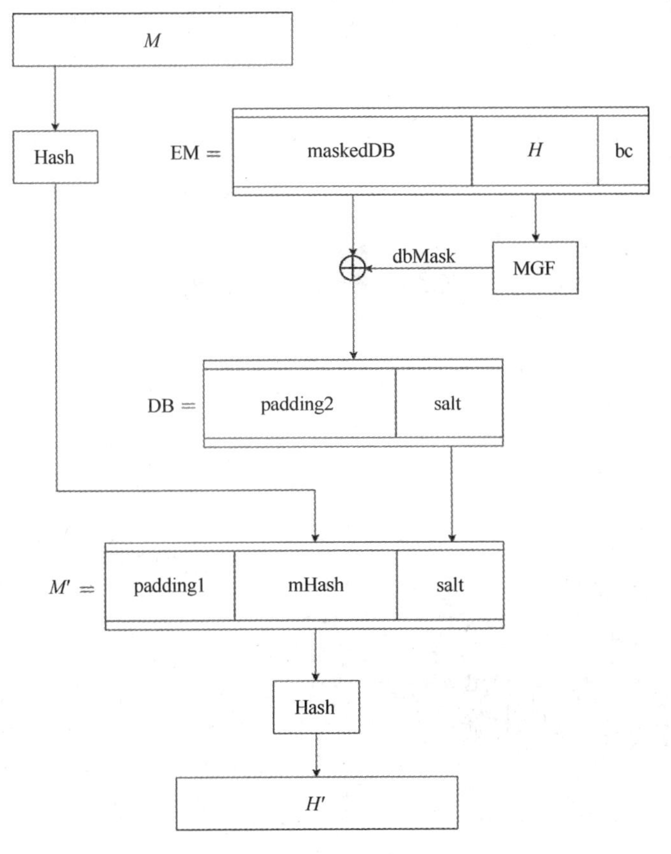

图 12-2 EM 验证过程图

（1）计算$m = s^e \bmod n$，可得到消息编码EM；

（2）生成M的杂凑值：$\mathrm{mHash} = \mathrm{Hash}(M)$；

（3）计算$\mathrm{dbMask} = \mathrm{MGF}(H, \mathrm{emLen} - \mathrm{hLen} - 1)$；

（4）计算$\mathrm{DB} = \mathrm{maskedDB} \oplus \mathrm{dbMask}$，将DB的最后sLen字节设为盐值salt；

（5）构造$M' = \mathrm{padding1} \| \mathrm{mHash} \| \mathrm{salt}$的数据块；

（6）生成M'的杂凑值：$H = \mathrm{Hash}(M')$；

（7）如果$H = H'$，则输出“一致”，否则输出“不一致”。

12.1.3 ElGamal数字签名算法

ElGamal数字签名算法包括密钥生成算法、签名算法和验证算法。ElGamal数字签名算法的基本元素是素数p和g，其中g是p的原根。假设用户B想要签名并发送给用户A，则执行如下操作。

1．密钥生成算法

（1）生成随机整数d，使得$1 < d < p-1$；

（2）计算$e = g^d \bmod p$；

（3）私钥是(d, p, g)，公钥是(e, p, g)。

2．签名算法

为了对消息M进行签名，用户B首先计算杂凑值$\mathrm{HM} = H(M)$，这里HM是满足$0 \leqslant \mathrm{HM} \leqslant p-1$的整数。

用户B通过如下步骤产生数字签名：

（1）选择随机整数k，使其满足$1 < k < p-1$及$\gcd(k, p-1) = 1$，即k与$p-1$互素；

（2）计算$S_1 = g^k \bmod p$；

（3）计算$k^{-1} \bmod (p-1)$，即计算k模$p-1$的逆；

（4）计算$S_2 = k^{-1}(\mathrm{HM} - dS_1) \bmod (p-1)$；

（5）签名包括(S_1, S_2)。

3．验证算法

当用户A收到消息及签名后，验证过程如下：

（1）计算$V_1 = g^{\mathrm{HM}} \bmod p$；

（2）计算$V_2 = e^{S_1}(S_1)^{S_2} \bmod p$；

（3）如果$V_1 = V_2$，则验证通过。

12.2　算法伪代码

本节介绍上述算法的伪代码描述，伪代码清单如表 12-2 所示。

表 12-2　伪代码清单

算法序号	算　法	算法名
12.2.1.1	RSA 签名算法	rsa_sign
12.2.1.2	RSA 验证算法	rsa_verify
12.2.2.1	消息编码算法	rsa_pss_encode
12.2.2.2	掩码生成算法	MGF
12.2.2.3	RSA-PSS 签名算法	rsa_pss_sign
12.2.2.4	RSA-PSS 验证算法	rsa_pss_verify
12.2.3.1	密钥生成算法	ElGamal_key_gen
12.2.3.2	ElGamal 签名算法	ElGamal_sign
12.2.3.3	ElGamal 验证算法	ElGamal_verify

12.2.1　不带消息恢复功能的 RSA 数字签名算法伪代码

RSA 签名算法 rsa_sign 的输入为待签名消息 msg 和私钥 sk，输出为签名 sig。伪代码如下：

算法 12.2.1.1　rsa_sign(msg, sk)

// 输入：待签名消息 msg 和私钥 sk

// 输出：签名 sig

$d, n \leftarrow \mathrm{sk}$

$\mathrm{digest} \leftarrow \mathrm{hash}(\mathrm{msg})$

$\mathrm{sig} \leftarrow \mathrm{digest}^{d} \bmod n$

return sig

RSA 验证算法 rsa_verify 的输入为需要验证的签名 sig、原消息 msg 和公钥 pk，输出为验证结果 True/False。伪代码如下：

算法 12.2.1.2　rsa_verify(sig, msg, pk)

// 输入：需要验证的签名 sig、原消息 msg 和公钥 pk

// 输出：验证结果 True / False

$e, n \leftarrow \mathrm{pk}$

$v \leftarrow \mathrm{sig}^{e} \bmod n$

$\mathrm{digest} \leftarrow \mathrm{hash}(\mathrm{msg})$

if $\mathrm{digest} = v$ **then**

return True
else
return False

12.2.2 RSA-PSS 数字签名算法伪代码

RSA-PSS 数字签名算法主要由消息编码算法、掩码生成算法、签名算法和验证算法组成，下面给出具体介绍。

1. 消息编码算法

消息编码算法 rsa_pss_encode 的输入为待编码的消息 msg 和消息编码比特长度 em_bits，输出为编码后的消息 EM。伪代码如下：

算法 12.2.2.1 rsa_pss_encode(msg, em_bits)

// 输入：待编码的消息 msg 和消息编码比特长度 em_bits
// 输出：编码后的消息 EM

$\text{em\_len} \leftarrow \lceil \text{em\_bits} / 8 \rceil$
$\text{m\_hash} \leftarrow \text{hash}(\text{msg})$
$\text{h\_len} \leftarrow$ m_hash 字节长度
$\text{s\_len} \leftarrow \text{h\_len}$
$\text{salt} \leftarrow_R \{0,1\}^{8\cdot \text{s\_len}}$
$\text{padding1} \leftarrow \overbrace{0\text{x}00 \| \cdots \| 0\text{x}00}^{8}$
$M \leftarrow \text{padding1} \| \text{m\_hash} \| \text{salt}$
$H \leftarrow \text{hash}(M)$
$\text{padding2} \leftarrow \overbrace{0\text{x}00 \| \cdots \| 0\text{x}00}^{\text{em\_len}-\text{h\_len}-\text{s\_len}-2} \| 0\text{x}01$
$\text{DB} \leftarrow \text{padding2} \| \text{salt}$
$\text{DB\_mask} \leftarrow \text{MGF}(H, \text{em\_len} - \text{h\_len} - 1)$
$\text{masked\_DB} \leftarrow \text{DB} \oplus \text{DB\_mask}$
$\text{masked\_DB}[0,1,\cdots,(8\cdot\text{em\_len} - \text{em\_bits} - 1)] \leftarrow \overbrace{0\text{b}0 \| \cdots \| 0\text{b}0}^{8\cdot\text{em\_len}-\text{em\_bits}}$
$\text{EM} \leftarrow \text{masked\_DB} \| H \| \text{bc}$

return EM

2. 掩码生成算法

掩码生成算法 MGF 的输入为消息 msg 和掩码字节长度 mask_len，输出为产生的掩码 mask。伪代码如下：

算法 12.2.2.2　MGF(msg, mask _ len)

```
// 输入：消息 msg 和掩码字节长度 mask _ len
// 输出：产生的掩码 mask
T ← ε
HM ← hash(x)
h _ len ← HM 字节长度
counter ← ⌈masklen / h _ len⌉
for i ← 0 to counter − 1 do
    T ← T || hash(msg || i)
mask ← T[0,1,⋯,(mask _ len − 1)]
return mask
```

3．签名算法

签名算法 rsa _ pss _ sign 的输入为编码后的消息 EM 和私钥 sk，输出为签名 sig。伪代码如下：

算法 12.2.2.3　rsa _ pss _ sign(EM, sk)

```
// 输入：编码后的消息 EM 和私钥 sk
// 输出：签名 sig
d, n ← sk
将 EM 转化为整数 m
sig ← m^d mod n
return sig
```

4．验证算法

验证算法 rsa _ pss _ verify 的输入为签名 sig 、消息 msg、公钥 pk 和消息编码比特长度 em _ bits，输出为验证结果 True/False。伪代码如下：

算法 12.2.2.4　rsa _ pss _ verify(sig,msg,pk,em _ bits)

```
// 输入：签名 sig 、消息 msg 、公钥 pk 和消息编码比特长度 em _ bits
// 输出：验证结果 True / False
e,n ← pk
将 EM 转化为整数 m
m ← sig^e mod n
将 m 转化为 EM 形式，长度为 em _ len 字节
m _ hash ← hash(msg)
h _ len ← m _ hash 字节长度
s _ len ← h _ len
if em _ len < h _ len + s _ len + 2 then
```

$\quad\quad$ **return** Falsc

if $\mathrm{EM}[\mathrm{em\_len}-1] \neq \mathrm{0xbc}$ **then**

$\quad\quad$ **return** False

$\mathrm{masked\_DB} \leftarrow \mathrm{EM}\left[0,1,\cdots,(\mathrm{em\_len}-\mathrm{h\_len}-1)-1\right]$

$H \leftarrow \mathrm{EM}\left[(\mathrm{em\_len}-\mathrm{h\_len}-1),(\mathrm{em\_len}-\mathrm{h\_len}),\cdots,(\mathrm{em\_len}-1)-1\right]$

if $\mathrm{masked\_DB}\left[0,1,\cdots,(8\cdot\mathrm{em\_len}-\mathrm{em\_bits}-1)\right] \neq \overbrace{\mathrm{0b0}\,\|\cdots\|\,\mathrm{0b0}}^{8\cdot\mathrm{em\_len}-\mathrm{em\_bits}}$ **then**

$\quad\quad$ **return** False

$\mathrm{DB\_mask} \leftarrow \mathrm{MGF}(H,\mathrm{em\_len}-\mathrm{h\_len}-1)$

$\mathrm{DB} \leftarrow \mathrm{masked\_DB} \oplus \mathrm{DB\_mask}$

$\mathrm{DB}\left[0,1,\cdots,(8\cdot\mathrm{em\_len}-\mathrm{em\_bits}-1)\right] \leftarrow \overbrace{\mathrm{0b0}\,\|\cdots\|\,\mathrm{0b0}}^{8\cdot\mathrm{em\_len}-\mathrm{em\_bits}}$

$\mathrm{padding2} \leftarrow \overbrace{\mathrm{0x00}\,\|\cdots\|\,\mathrm{0x00}}^{\mathrm{em\_len}-\mathrm{h\_len}-\mathrm{s\_len}-2}\,\|\,\mathrm{0x01}$

if $\mathrm{DB}\left[0,1,\cdots,(\mathrm{em\_len}-\mathrm{h\_len}-\mathrm{s\_len}-1)-1\right] \neq \mathrm{padding2}$ **then**

$\quad\quad$ **return** False

$$\mathrm{salt} \leftarrow \mathrm{DB}\left[\begin{array}{l}(\mathrm{em\_len}-\mathrm{s\_len}-\mathrm{h\_len}-1),(\mathrm{em\_len}-\mathrm{s\_len}-\mathrm{h\_len}),\cdots,\\(\mathrm{em\_len}-\mathrm{h\_len}-1)-1\end{array}\right]$$

$\mathrm{padding1} \leftarrow \overbrace{\mathrm{0x00}\,\|\cdots\|\,\mathrm{0x00}}^{8}$

$M \leftarrow \mathrm{padding1}\,\|\,\mathrm{m\_hash}\,\|\,\mathrm{salt}$

$H' \leftarrow \mathrm{hash}(M)$

if $H = H'$ **then**

$\quad\quad$ **return** True

else

$\quad\quad$ **return** False

12.2.3 ElGamal 数字签名算法伪代码

ElGamal 数字签名算法由密钥生成算法、签名算法和验证算法组成，接下来给出具体介绍。

1．密钥生成算法

密钥生成算法 ElGamal_key_gen 生成加解密时所需要的公私钥，输入为大素数 p 和 $\mathrm{GF}(p)$ 的生成元 g，输出为公钥 pk 和私钥 sk，使用有限域上的快速幂取模算法 quick_mod_pow 进行幂取模运算。伪代码如下：

算法 12.2.3.1 ElGamal_key_gen(p,g)

// 输入：大素数 p 和 $\mathrm{GF}(p)$ 的生成元 g

// 输出：公钥 pk 和私钥 sk

$d \leftarrow_R [1,(p-1)]$

$e \leftarrow g^d \bmod p$

$\mathrm{pk} \leftarrow (e,p,g)$

$\mathrm{sk} \leftarrow (d,p,g)$

return pk,sk

2. 签名算法

签名算法ElGamal_sign 的输入为需要签名的消息 msg 和私钥 sk，输出为签名 $\mathrm{sig}=(s_1,s_2)$。伪代码如下：

算法 12.2.3.2 ElGamal_sign(msg, sk)

// 输入：需要签名的消息 msg 和私钥 sk

// 输出：签名 $\mathrm{sig}=(s_1,s_2)$

$d,p,g \leftarrow \mathrm{sk}$

$\mathrm{HM} \leftarrow \mathrm{hash}(\mathrm{msg})$

生成$[1,p]$之间的随机数 k，满足 k 与 $p-1$ 互素

$s_1 \leftarrow g^k \bmod p$

$\mathrm{k\_inv} \leftarrow k^{-1} \bmod p-1$

$s_2 \leftarrow (k^{-1}\cdot(\mathrm{HM}-d\cdot s_1)) \bmod p$

return (s_1,s_2)

3. 验证算法

验证算法 ElGamal_verify 的输入为需要验证的签名 sig、消息 msg 和公钥 pk，输出为验证结果 True/False。伪代码如下：

算法 12.2.3.3 ElGamal_verify(sig,msg,pk)

// 输入：需要验证的签名 sig 、消息 msg 和公钥 pk

// 输出：验证结果 True / False

$e,p,g \leftarrow \mathrm{pk}$

$\mathrm{HM} \leftarrow \mathrm{hash}(\mathrm{msg})$

$v_1 \leftarrow g^{\mathrm{HM}} \bmod p$

$v_2 \leftarrow e^{s_1}\cdot s_1^{s_2} \bmod p$

if $v_1 = v_2$ **then**

  return True

else

  return False

12.3 算法实现与测试

针对不带消息恢复功能的 RSA 数字签名算法、RSA-PSS 数字签名算法和 ElGamal 数字签名算法，本节给出使用 Python（版本大于 3.9）实现的源代码及相应的测试数据。源代码清单如表 12-3 所示。

表 12-3 源代码清单

文 件 名	包 含 算 法
rsa.py	不带消息恢复功能的 RSA 数字签名算法
rsa_pss.py	RSA-PSS 数字签名算法
ElGamal.py	ElGamal 数字签名算法

12.3.1 不带消息恢复功能的 RSA 数字签名算法实现与测试

杂凑函数使用 SHA-1，密钥参数如表 12-4 所示，数据使用十进制数进行描述。

表 12-4 密钥参数

p	8384770691199731090227901761369715679766458105128220592036873364412961378312508844718993092171307186077124445798049353269284692982195512524426286648356027
q	12181018780270384245980882487763195755475121960663023641593208090932207734556605764818243649182313018177847426957507816306095263109288627131434655751222979
n	1021350492577646150420785880051818059618476179247885209246149701669057408502523777921641568997611968280212563967358358442729538440459541401711992031529419537332927531405611657353336725663957543209889518631251115229868139990823128135019358359614902902066874352974805819176036025088817935594035047801625055544433
e	65537
d	6647341793247618734462700600840784215781388063176418773392933667240181073632703545092039532481520499111065001978073976687395781411929334413937670035683026713652875438868419995766420658760456148455233878247510929052310097742136001829518535632056741801490247649680438463755276345908312841043655459326456925849

当消息为“crypto”时，签名过程中产生的中间数据和签名结果如表 12-5 所示，数据使用十进制数进行描述。

表 12-5 中间数据和签名结果 1

消息 m	crypto
Hash(m)	391990059504812183339302995844760716233208875595（以整数的形式展示）
签名	23644652902270855283782092655269220380157023310737414640167331040359041788820684229265455534748345532266869329047888188805333491357423814624544123902509661675202606741213798285101623225376676134941778253479842303529906771660233295435348757795066359073001520804030675785571848239054631089185645377814618074407

当消息为“基于 RSA 的数字签名基于 RSA 的数字签名基于 RSA 的数字签名基于 RSA 的数字签名基于 RSA 的数字签名”时，签名过程中产生的中间数据和签名结果如表 12-6 所示，数据使用十进制数进行描述。

表 12-6　中间数据和签名结果 2

消息 *m*	基于 RSA 的数字签名基于 RSA 的数字签名基于 RSA 的数字签名基于 RSA 的数字签名基于 RSA 的数字签名
Hash(*m*)	1156266915857485138424664815536214960712711694262（以整数的形式展示）
签名	4949079367796009656941288306167003351737751302605838416904064002008902491865837791335547277984871431255189427561210873274605505914319013439827724604472430124900278421741358111154186781826093031926792432342928753109970270073679124188009181821302562061984870167644147518499014134714065151957776243063118486602 0

12.3.2　RSA-PSS 数字签名算法实现与测试

测试中的杂凑函数使用 SHA-1，产生 20 字节的消息。其中 emBits 为 512，emLen=⌈emBits/8⌉。

下面给出 4 组签名测试数据，如表 12-7 所示，其中盐值 salt 为 0xfa4b050986101331d18cd00df3bf6cddd3a2fa14，密钥参数见表 12-4。

表 12-7　签名测试数据

签 名 消 息	签 名 结 果
今天天气真好	0x743db21b5ab3552f5c633929390dde7119428baf4923efb4429d9e50600351b3322dacf80d3a6fe8b2d872882f026ee7f80a25631b9de143f54fc5f647eedda94cc1d0b797fe6a10bb6ee53e5b95796a31feaf6d4913e36d2dae200f34214d48462abf21f95c19d0c470e35b01928977a351167f0d2067e00fa5cd84e7c56104
密码学实验教材	0x77a4c2585b2bf5fe190fee8e9495cc16870ad0fbbd2d41ad9575433f01127490d563952726f203fa2a35424a403955af2653ddaedd9e7f5bf7b4a62b432bec338131106b7fbf0cbd3b3dd895895b103c6751019643a02a495c36d550f229c97a30a6972165ec35524f97eeae1ca3cf0c4e93d8cf876ac843377fcac9bcadba9b
今晚吃酸菜鱼	0x7c8f2050efd246a973710096fffbff0b32150e56619f8e75777eac870d3472d1e6cb8b657994d1a4ab35f2a918f27c55597f059bfa9ae508af16a0133d0d0ab897f5b645b0aa1011f95acefb1a3e748815f8015930d04dd3c80068620ec77aa4a22028da2d802b9308502940da00b890806a38887c444c5f60f2335136b3de9b
密码是通信双方按约定的法则进行信息特殊变换的一种重要保密手段。依照这些法则，变明文为密文，称为加密变换；变密文为明文，称为解密变换。密码在早期仅对文字或数码进行加、解密变换，随着通信技术的发展，对语音、图像、数据等都可实施加、解密变换	0x395211bb9fdbc21eb346b77b06b92d8fb6658d9537783b046c2c9d31d613cd6d5c9ed1b4e6e82686b363bbe3e72e250fb7a0c8c4b033009c3a0a7226616ce37dc0d8fae3793b3d26779e4053f55bb9342978f04cb535309007ee9185d94398c1b95c340c23f723d060425027e06ca779a633521261dcfd39bf3d356f5656c601

当签名消息为“RSA-PSS 数字签名”时，中间数据如表 12-8 所示。

表 12-8　中间数据

签名消息 M	RSA-PSS 数字签名
M 的杂凑值	0x69854a3d03fdf1926d37dc3251e006e92d7c75e8
盐值 salt	0xfa4b050986101331d18cd00df3bf6cddd3a2fa14
M'	0x000000000000000069854a3d03fdf1926d37dc3251e006e92d7c75e8fa4b050986101331d18cd00df3bf6cddd3a2fa14
M' 的杂凑值 H	0x0bb09d9295cda772c98e0a97f9e32b788bc4ba3b
dbMask	0x2ace7652b5cd25c68d754d0e922f87f0798aec8fe0ca9581e06ccaad7d76391db800814df0df10b9d13afc
maskedDB	0x2ace7652b5cd25c68d754d0e922f87f0798aec8fe0ca947bab69c32b6d6508cc34d08cbe4fb3cd6a73c0e8
EM	0x2ace7652b5cd25c68d754d0e922f87f0798aec8fe0ca947bab69c32b6d6508cc34d08cbe4fb3cd6a73c0e80bb09d9295cda772c98e0a97f9e32b788bc4ba3bbc

12.3.3　ElGamal 数字签名算法实现与测试

测试中使用 SHA-1 作为杂凑函数，密钥参数及中间数据如表 12-9 所示。

表 12-9　密钥参数及中间数据

消息 msg	基于 ElGamal 的数字签名
生成元 g	92179309246465225943487
大素数 p	1909858912667014946213159569319
签名者私钥 d	1121375761098374084018749526764
公钥 e	533556748994600456420044685932
随机数 k	513452035702609201844988832807
$k^{-1} \bmod (p-1)$	542977380699888157227396215595
消息的杂凑值 HM	1187673876241644615441759159678494347358853629946
s_1	1740850936362424814767416807953
s_2	1290867634818126461940851156814
签名结果 (s_1, s_2)	(1740850936362424814767416807953, 1290867634818126461940851156814)

下面给出 4 组测试数据供参考，如表 12-10 所示。

表 12-10　测试数据

消息及随机数 k	签名结果
今天天气真好	(657264376166131022534326335942, 838705118461219581751144146495)
随机数 k：299270079201230162739900815259	
密码学实验教材	(129071791029568821201832095512, 733896023642084366239445168626)
随机数 k：113412951938881107822066182715	

续表

<table>
<tr><th>消息及随机数 k</th><th>签名结果</th></tr>
<tr><td>今晚吃酸菜鱼</td><td rowspan="2">(16439515776798857777222288489660,
49715154383700954123444811 3342)</td></tr>
<tr><td>随机数 k：
98155525921419921172615603921 5</td></tr>
<tr><td>密码是通信双方按约定的法则进行信息特殊变换的一种重要保密手段。依照这些法则，变明文为密文，称为加密变换；变密文为明文，称为解密变换。密码在早期仅对文字或数码进行加、解密变换，随着通信技术的发展，对语音、图像、数据等都可实施加、解密变换</td><td rowspan="2">(63464052594430255411985476166 1,
16321757808481293990053831370 19)</td></tr>
<tr><td>随机数 k：
10159936794460240397808643341 35</td></tr>
</table>

12.4　思考题

试比较不同数字签名算法中签名算法和验证算法的运行时间，描述观察到了什么现象。

第 13 章　SM2 算法

2010 年年底，国家密码管理局公布了我国自主研制的椭圆曲线公钥密码算法（SM2 算法）。SM2 算法是基于椭圆曲线密码（Elliptic Curve Cryptography，ECC）的非对称加密算法，具有安全性高、存储空间小、签名速度快等优点，在区块链、网上银行、电子政务及防伪等方面有重要应用。

13.1　算法原理

SM2 算法包含 3 个子算法，分别是密钥生成算法、加密算法和解密算法。下面分别对这 3 个子算法进行详细介绍。

1．密钥生成算法

SM2 算法的密钥对包括私钥和公钥，密钥对生成过程如下：

（1）选择随机整数 $d \in [1, n-2]$；

（2）以 G 为基点，计算点 $P=(x_P, y_P)=[d]G$；

（3）密钥对是 (d, P)，其中 d 是私钥，P 是公钥。

2．加密算法

加密算法流程图如图 13-1 所示，设需要发送的明文为比特串 M，klen 为 M 的比特长度。用户 A 获得用户 B 的公钥 P_B 后，加密过程如下：

（1）产生随机数 $k \in [1, n-1]$；

（2）计算椭圆曲线点 $C_1=[k]G=(x_1, y_1)$，并将 C_1 的数据类型转化成比特串；

（3）计算椭圆曲线点 $S=[h]P_B$（h 为余因子，$h=\#E(F_q)/n$，其中 $\#E(F_q)$ 为椭圆曲线 $E(F_q)$ 的阶，n 是基点 G 的阶），若 S 是无穷远点，则报错并退出；

（4）计算椭圆曲线点 $[k]P_B=(x_2, y_2)$，并将坐标 x_2、y_2 的数据类型转化成比特串；

（5）计算 $t=\text{KDF}(x_2 \| y_2, \text{klen})$，若 t 为全 0 比特串，则回退至步骤（1）；

（6）计算 $C_2=M \oplus t$；

（7）计算 $C_3=\text{Hash}(x_2 \| M \| y_2)$；

（8）输出密文 $C=C_1 \| C_3 \| C_2$。

密钥派生函数 KDF 的输入为比特串 Z 和整数 klen，klen 表示要获得的密钥数据的比特长度，输出为长度为 klen 比特的密钥数据 K。KDF 函数需要使用杂凑值长度为 v 比特的杂凑函数 H_v，需要保证输入的 klen 小于 $(2^{32}-1)v$。KDF 函数流程如下：

（1）初始化一个 32 比特的计数器 $ct = 0x00000001$；

（2）对 i 从 1 到 $\lceil klen/v \rceil$ 执行：计算 $Ha_i = H_v(Z \| ct)$，并令 $ct = ct + 1$；

（3）若 $klen/v$ 是整数，则令 $Ha!_{\lceil klen/v \rceil} = Ha_{\lceil klen/v \rceil}$，否则令 $Ha!_{\lceil klen/v \rceil}$ 为 $Ha_{\lceil klen/v \rceil}$ 最左边的 $klen - v \cdot \lfloor klen/v \rfloor$ 比特；

（4）令 $K = Ha_1 \| Ha_2 \| \cdots \| Ha_{\lceil klen/v \rceil - 1} \| Ha!_{\lceil klen/v \rceil}$。

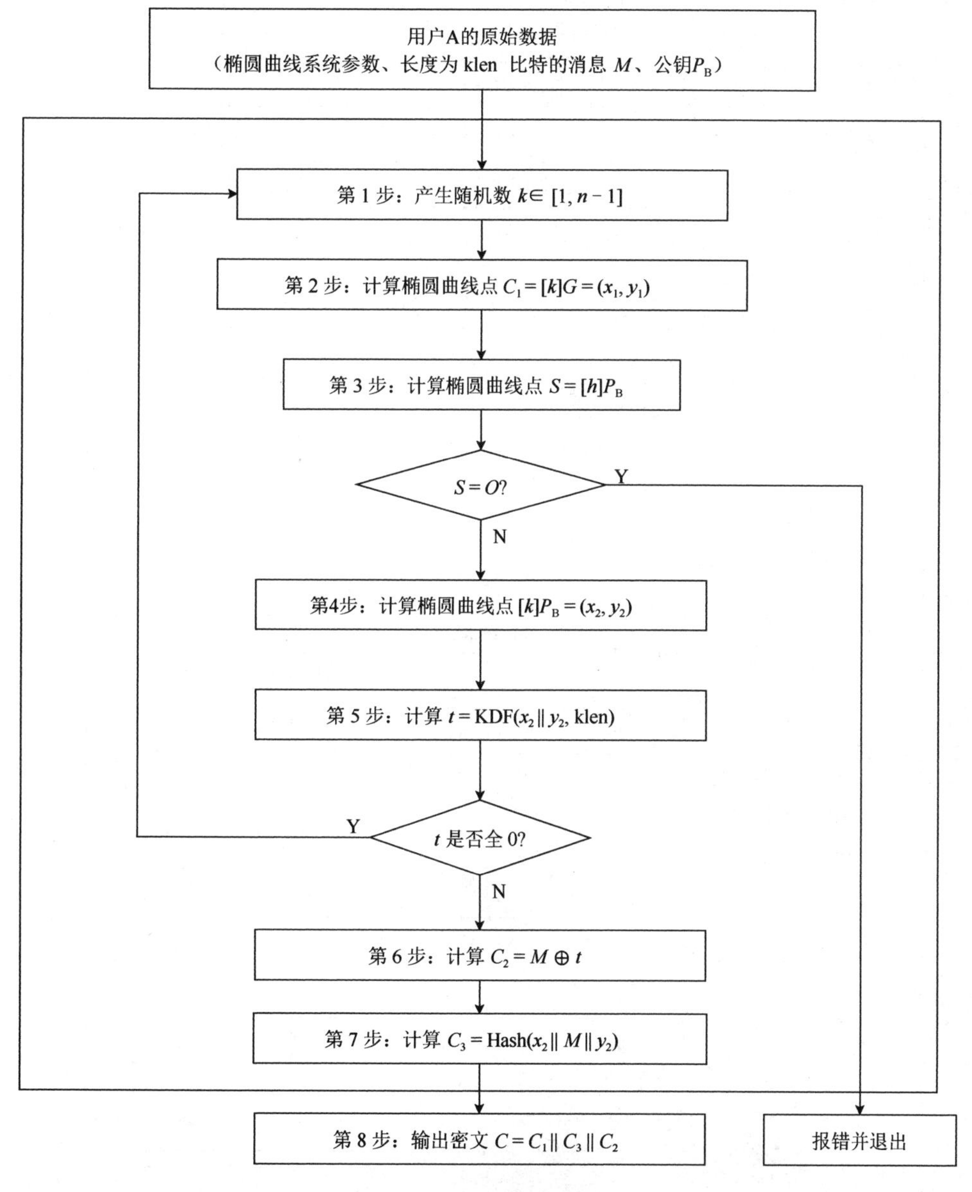

图 13-1 加密算法流程图

3．解密算法

解密算法流程图如图 13-2 所示，用户 B 用自身的私钥 d_B 对密文 $C = C_1 \| C_3 \| C_2$ 解密，设 klen 为密文中 C_2 的比特长度，解密过程如下：

（1）从 C 中取出比特串 C_1，将 C_1 的数据类型转化为椭圆曲线上的点，验证 C_1 是否满足椭圆曲线方程，若不满足，则报错并退出；

（2）计算椭圆曲线点 $S=[h]C_1$，若 S 是无穷远点，则报错并退出；

（3）计算 $[d_B]C_1=(x_2,y_2)$，并将坐标 x_2、y_2 的数据类型转化成比特串；

（4）计算 $t=\mathrm{KDF}(x_2 \| y_2,\mathrm{klen})$，若 t 为全 0 比特串，则报错并退出；

（5）从 C 中取出比特串 C_2，计算 $M'=C_2 \oplus t$；

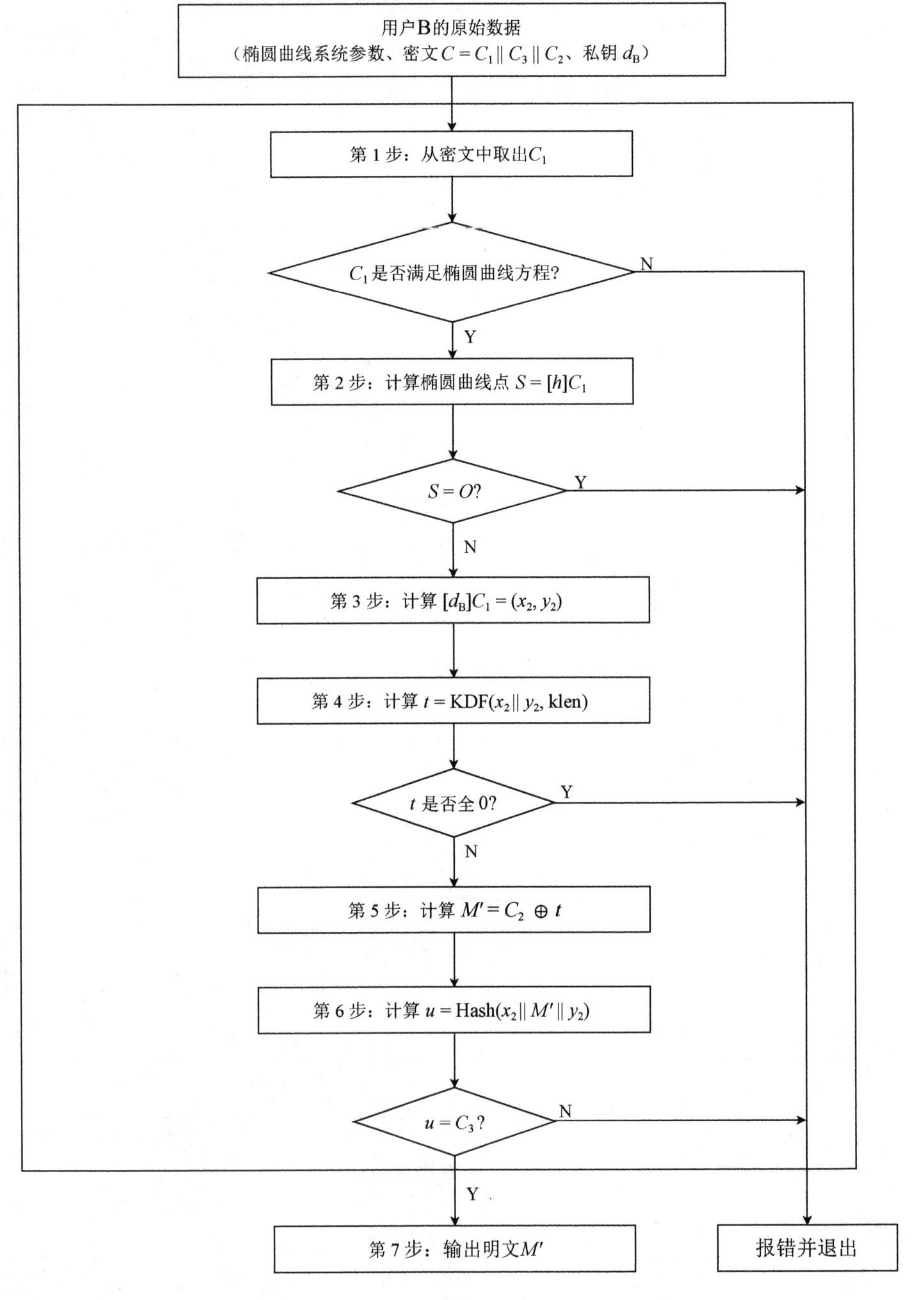

图 13-2　解密算法流程图

（6）计算 $u=\text{Hash}(x_2 \| M' \| y_2)$，从 C 中取出比特串 C_3，若 $u \neq C_3$，则报错并退出；

（7）输出明文 M'。

13.2　算法伪代码

本节介绍如何实现 SM2 算法。本节中关于长度 klen 和杂凑函数 hash_v 的含义与 13.1 节算法原理中不同，因为在计算机中数据以字节为单位进行存储，故此处以字节而不是比特作为长度的单位。伪代码清单如表 13-1 所示。

表 13-1　伪代码清单

算法序号	算　法	算法名
13.2.1.1	密钥生成算法	sm2_key_gen
13.2.2.1	加密算法	sm2_encrypt
13.2.2.2	密钥派生算法	sm2_kdf
13.2.3.1	解密算法	sm2_decrypt

13.2.1　密钥生成算法伪代码

密钥生成算法 sm2_key_gen 生成加解密时需要的公私钥对，其输入为椭圆曲线群 group，输出为公私钥对 (pk,sk)，其中 pk 为椭圆曲线上的一个点，sk 为一个大整数。算法伪代码如下：

算法 13.2.1.1　sm2_key_gen(group)

// 输入：椭圆曲线群 group

// 输出：公私钥对 (pk,sk)

$\text{sk} \leftarrow_R [1, \text{group}.n-2]$

$\text{pk} \leftarrow [\text{sk}]\text{group}.G$

return (pk,sk)

13.2.2　加密算法伪代码

加密算法 sm2_encrypt 的输入为明文 plaintext、公钥 pk、椭圆曲线群 group 和杂凑函数 hash_v，输出为密文 $\text{ciphertext}=(C_1 \| C_3 \| C_2)$。算法伪代码如下：

算法 13.2.2.1　sm2_encrypt(plaintext, pk, group, hash_v)

// 输入：明文 plaintext

公钥 pk

椭圆曲线群 group，其基点 G 的余因子为 h

```
        杂凑函数 hash_v，其杂凑值字节长度为 v
// 输出：密文 C1 || C3 || C2
k ←_R [1, group.n − 1]
C1 ← [k]group.G
mlen ← plaintext 的字节长度
if [h]pk = O then
    报错并退出
(x2, y2) ← [k]pk
t ← sm2_kdf(x2 || y2, mlen, hash_v)
if t 为全 0 比特串 then
    回到函数开头，重新选取 k
C2 ← plaintext ⊕ t
C3 ← hash_v(x2 || plaintext || y2)
return C1 || C3 || C2
```

其中，sm2_kdf 为密钥派生算法，需要借助杂凑值字节长度为 v 的杂凑函数 hash_v，生成指定长度的密钥数据比特串。该算法的输入为比特串 Z、待生成的密钥字节长度 klen 和杂凑函数 hash_v，输出为长度为 klen 字节的密钥数据比特串。密钥派生算法的伪代码如下：

算法 13.2.2.2　sm2_kdf(Z, klen, hash_v)

```
// 输入：比特串 Z
        待生成的密钥字节长度 klen
        杂凑函数 hash_v，其杂凑值字节长度为 v
// 输出：长度为 klen 字节的密钥数据比特串
key_stream ← ε
for ct ← 1 to ⌈klen / v⌉ do
    key_stream ← key_stream || hash_v(Z || ct)
return key_stream[0, 1, ⋯, klen − 1]
```

13.2.3　解密算法伪代码

解密算法 sm2_decrypt 的输入为密文 ciphertext、私钥 sk、椭圆曲线群 group 和杂凑函数 hash_v，输出为明文 plaintext。算法伪代码如下：

算法 13.2.3.1　sm2_decrypt(ciphertext, sk, group, hash_v)

```
// 输入：密文 ciphertext
        私钥 sk
        椭圆曲线群 group，其基点 G 的余因子为 h
        杂凑函数 hash_v，其杂凑值字节长度为 v
```

// 输出：明文 plaintext

$C_1, C_3, C_2 \leftarrow \text{ciphertext}$

if C_1 不满足椭圆曲线方程 **or** $[h]C_1 = O$ **then**

　　报错并退出

$(x_2, y_2) \leftarrow [\text{sk}]C_1$

$\text{C2\_len} \leftarrow C_2$ 的字节长度

$t \leftarrow \text{sm2\_kdf}(x_2 \| y_2, \text{C2\_len}, \text{hash}_v)$

if t 为全 0 比特串 **then**

　　报错并退出

$\text{plaintext} \leftarrow C_2 \oplus t$

$u \leftarrow \text{hash}_v(x_2 \| \text{plaintext} \| y_2)$

if $u \neq C_3$ **do**

　　报错并退出

return plaintext

13.3 算法实现与测试

SM2 算法制定了椭圆曲线的参数，确定了唯一的标准曲线。SM2 加密算法支持不超过 $(2^{32}-1)v$ 比特的数据长度，其中 v 代表所用的杂凑函数生成的杂凑值长度，加密强度为 256 位。通过引入随机预言机，相同明文产生的密文不唯一，从而可以抵抗选择明文攻击。SM2 加密算法涉及 3 类辅助函数：杂凑函数、密钥派生函数和伪随机数发生器，这 3 类辅助函数的强弱会直接影响加密算法的安全性。测试数据选择 SHA-512 作为杂凑函数，使用基于该杂凑函数的密钥派生函数及编程语言内置的伪随机数发生器。

针对 SM2 算法，本节给出使用 Python（版本大于 3.9）实现的源代码及相应的测试数据。源代码清单如表 13-2 所示。

表 13-2　源代码清单

文 件 名	包 含 算 法
sm2.py	SM2 算法
exgcd.py	扩展欧几里得算法
ecc.py	椭圆曲线基础运算

13.3.1 方程参数

表 13-3 给出 SM2 算法使用的椭圆曲线参数。

表 13-3　SM2 算法使用的椭圆曲线参数

参　数	内　容
方程	$y^2 = x^3 + ax + b$
p	0xfffffffe ffffffff ffffffff ffffffff ffffffff 00000000 ffffffff ffffffff
a	0xfffffffe ffffffff ffffffff ffffffff ffffffff 00000000 ffffffff fffffffc
b	0x28e9fa9e 9d9f5e34 4d5a9e4b cf6509a7 f39789f5 15ab8f92 ddbcbd41 4d940e93
n	0xfffffffe ffffffff ffffffff ffffffff 7203df6b 21c6052b 53bbf409 39d54123
gx	0x32c4ae2c 1f198119 5f990446 6a39c994 8fe30bbf f2660be1 715a4589 334c74c7
gy	0xbc3736a2 f4f6779c 59bdcee3 6b692153 d0a9877c c62a4740 02df32e5 2139f0a0
h	1

13.3.2　输入和输出

表 13-4～表 13-6 给出 3 组公私钥对和对应的明文 plaintext 、密文 ciphertext 。

表 13-4　公私钥对和对应的明文 plaintext、密文 ciphertext 数据表 1

私钥 sk	0x52ebf83fd3be22a70c22209f60d03e7fc50a3d5f9508f44ee10e50f3f7bf3c69
公钥 pk	(0x9a8d4c4599edbc66d35c1fd07d17473c004eed30cdf6afb92ab15f480479a599, 0x78d82462cc31e2cf5d477b6d872b604fde31d8d25e2d0b60dc78ba87ba3eadd4)
随机数 k	0x46889d7648c981d63bce3dca278374d184f8acba0400e4690edb0772e5ea2137
明文 plaintext	0x74657374736d34
密文 ciphertext	0x04e3ff706879953f8a2154f3c0fa4bffcd120171fc5c0e3aadd2b075383f919d98afc213a3b9da9bb9d640f 268576c30a713fdd77e5696ce422591b60bba1f73ac90459dd09ecca50e0035565f6cd4f595369eaf47bc1d 3fdd23332b40686221aa21267b9974abf1d4c0e188e2a57001331fab6a897f53e12e2c51243d54986d3218 80d13ed5846d

表 13-5　公私钥对和对应的明文 plaintext、密文 ciphertext 数据表 2

私钥 sk	0x8c62bdcdcf173a5dc898edf0230e79e3e504e8909b3dd4117e698f2d8f8b9a80
公钥 pk	(0x6a8dc7818767b943df0507b7c80817715ca64b0fb4f1d3e603ee0031484a034c, 0x006e854e838f19292ec9297bc76f5089e01a5ff75b509de8df9e30ad205a8787)
随机数 k	0x7d0d0ce2800d57ddebf6a32f0d514498bb5aefbfcd9b217da59e67f26460d53e
明文 plaintext	0x736d34736d34736d34736d34736d34736d34736d34736d34
密文 ciphertext	0x045e34931a2aaa9305172afdd4efa001aa819f61b7236a4b0a01ab6f1d92b7a23b7b6a96754e60682de7c beb37982f1dc7416dacb43de711400c34676a97da99099091df3658e867068abb62cfbc35142d2b779d2e1 3a95d49975c4db60127e79703e0898d6fed575f0ccb6b37cb615b75ec1a0c4364211b12b5b839a4cec9166 0a2f96a240d4e02897123c2fbbcc250dfbee7f769c38145a5

表 13-6　公私钥对和对应的明文 plaintext、密文 ciphertext 数据表 3

私钥 sk	0x300f8e58e2ca4f0898febf019db18b7bdb8ec0add25cb6cc9a0f1590da8976d4
公钥 pk	(0x352ba0091057e91e913c5af6f3153349155dabee4980242989b4dc6e18566540, d9be28ce3cbe61a88e84ab0e3ae1b6e5a2474176d5a9f7a34f024c9248b56462)
随机数 k	0x645ffb936362eaa82b4a3b071023e8c678968b56b8d069507b7b6d6258734b01

续表

明文 plaintext.	0x627561616275616162756161627561616275616162756161627561616275616l
密文 ciphertext	0x04cba235ab34f389db36a570ad8819d7b37beb4e56145c6a541018857de1c3a8aaf657a97af5ca63cc981 c8f5f73be1e7527c0f08a62e2af7d73bf5acf4735cd960378787eed82d0985d76bf26478e40f1a7eb53e12b9 675d94ca81e696c7e13f00ab679eb2338fe2d3b2354569b2ea5855aba65520274905bef76ee79722f1cd9d4 0a0bc9e3f0f79df0803d5b41d4bc6411fd66477d37cc33ce6ccb9a197157ba

13.3.3　中间数据

下面给出表 13-4 数据对应的中间值，其中表 13-7 给出随机生成的公私钥对。

表 13-7　随机生成的公私钥对

私钥 sk	0x52ebf83fd3be22a70c22209f60d03e7fc50a3d5f9508f44ee10e50f3f7bf3c69
公钥 pk	(0x9a8d4c4599edbc66d35c1fd07d17473c004eed30cdf6afb92ab15f480479a599, 0x78d82462cc31e2cf5d477b6d872b604fde31d8d25e2d0b60dc78ba87ba3eadd4)

表 13-8 给出加密过程中间数据。

表 13-8　加密过程中间数据

随机数 k	0x46889d7648c981d63bce3dca278374d184f8acba0400e4690edb0772e5ea2137
C_1	(0xe3ff706879953f8a2154f3c0fa4bffcd120171fc5c0e3aadd2b075383f919d98, 0xafc213a3b9da9bb9d640f268576c30a713fdd77e5696ce422591b60bba1f73ac)
$P_2=[k]\mathrm{pk}$	(0x5f504bcf45bb01cea0d7bc95741e982ab587ba17c95d2c084883e2f3a3c0da56, 0x53b92fd6b25e57dce074d73ef0dda4ebeda7b0219627ccf696cf7795ed975cac)
KDF 函数的输出 t	0x6ce5a24aa6e959
$C_2=M\oplus t$	0x1880d13ed5846d
$C_3=\text{SHA-512}(x_2\parallel M\parallel y_2)$	0x90459dd09ecca50e0035565f6cd4f595369eaf47bc1d3fdd23332b40686221aa21267b9974abf1d 4c0e188e2a57001331fab6a897f53e12e2c51243d54986d32
密文 C	0x04e3ff706879953f8a2154f3c0fa4bffcd120171fc5c0e3aadd2b075383f919d98afc213a3b9da9bb 9d640f268576c30a713fdd77e5696ce422591b60bba1f73ac90459dd09ecca50e0035565f6cd4f595 369eaf47bc1d3fdd23332b40686221aa21267b9974abf1d4c0e188e2a57001331fab6a897f53e12e2c 51243d54986d321880d13ed5846d

表 13-9 给出解密过程中间数据。

表 13-9　解密过程中间数据

C_1	(0xe3ff706879953f8a2154f3c0fa4bffcd120171fc5c0e3aadd2b075383f919d98, afc213a3b9da9bb9d640f268576c30a713fdd77e5696ce422591b60bba1f73ac)
C_2	0x1880d13ed5846d
C_3	0x90459dd09ecca50e0035565f6cd4f595369eaf47bc1d3fdd23332b40686221aa21267b9974abf1d 4c0e188e2a57001331fab6a897f53e12e2c51243d54986d32
$P_2=[\mathrm{sk}]C_1$	(0x5f504bcf45bb01cea0d7bc95741e982ab587ba17c95d2c084883e2f3a3c0da56, 0x53b92fd6b25e57dce074d73ef0dda4ebeda7b0219627ccf696cf7795ed975cac)

续表

KDF 函数的输出 t	0x6ce5a24aa6e959
$M = C_2 \oplus t$	0x74657374736d34
验证 $C_3 = \text{SHA-512}(x_2 \parallel M \parallel y_2)$，验证通过，明文正确	

13.4 思考题

椭圆曲线的参数选择会影响算法的实现效率吗？请分析并简要阐述原因。

第 14 章　SM4 算法

14.1　算法原理

SM4 算法是我国自主设计的分组对称密码算法，2016 年成为我国国家标准，2021 年成为 ISO/IEC 国际标准。目前 SM4 算法被广泛用于政府办公、公安、银行、税务、电力等行业的信息系统，其在我国密码行业中有极其重要的位置。

14.1.1　SM4 算法整体结构

SM4 算法明文长度和密钥长度均为 128 位，采用 32 轮的非对称 Feistel 结构，加密过程和解密过程除轮密钥使用顺序相反外，其他都一致。与 AES 算法相比，SM4 算法有密钥扩展过程和加密过程类似、加密过程与解密过程相同等优点，更便于在多种平台上实现。SM4 算法整体结构如图 14-1 所示。

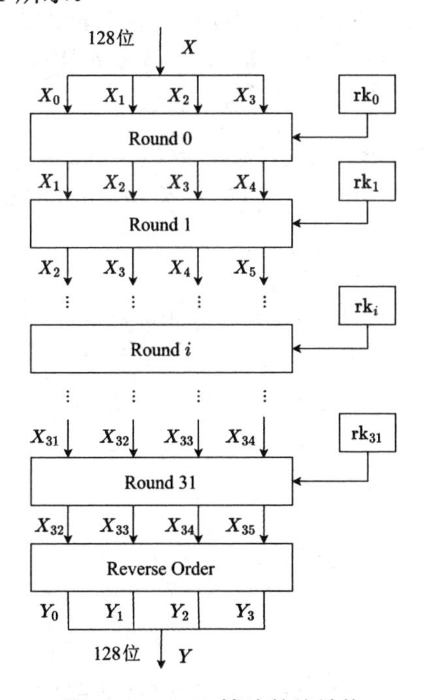

图 14-1　SM4 算法整体结构

其中，X 为明文，被分为 4 个 32 位（X_0、X_1、X_2、X_3）进行后续的操作；Y 为最终

得到的密文；rk_i 为每轮使用的轮密钥。

14.1.2 SM4 算法详细结构

SM4 算法加密的详细过程如图 14-2 所示。

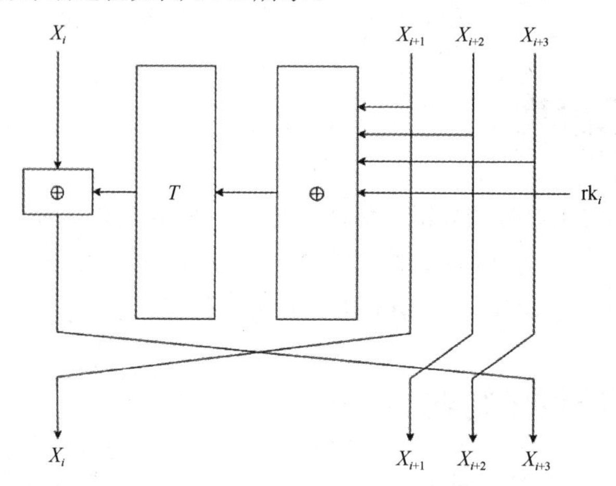

图 14-2 SM4 算法加密的详细过程

加密过程中主要涉及 3 种操作：轮密钥加、非线性变换和线性变换。轮密钥加指的是当前分组和当前的轮密钥进行按位异或；非线性变换指的是通过 S 盒完成分组字节的代替，实现密码算法的混淆；线性变换指的是对非线性变换的输出进行扩散操作。

轮函数 F 每次迭代的输入为 $(X_i, X_{i+1}, X_{i+2}, X_{i+3})$，输出为 $(X_{i+1}, X_{i+2}, X_{i+3}, X_{i+4})$，$X_{i+4}$ 的计算方法如下：

$$X_{i+4} = F(X_i, X_{i+1}, X_{i+2}, X_{i+3}) = X_i \oplus T(X_{i+1} \oplus X_{i+2} \oplus X_{i+3} \oplus \text{rk}_i)$$

式中，rk_i 为当前迭代的轮密钥。T 为一个 $\mathbb{Z}_2^{32} \to \mathbb{Z}_2^{32}$ 的可逆变换，由非线性变换 τ 和线性变换 L 复合而成，即 $T(\cdot) = L(\tau(\cdot))$。

第 32 轮迭代运算完成后，需要对 32 轮的输出进行反序变换 R，最终密文输出为：

$$(Y_0, Y_1, Y_2, Y_3) = R(X_{32}, X_{33}, X_{34}, X_{35}) = (X_{35}, X_{34}, X_{33}, X_{32})$$

解密时的操作与加密时相似，只是轮密钥的使用顺序相反。SM4 算法中轮函数涉及的操作如下。

1. 非线性变换

非线性变换由 4 个并行的 S 盒构成。设输入 $A = (a_0, a_1, a_2, a_3) \in (\mathbb{Z}_2^8)^4$，输出为 $B = (b_0, b_1, b_2, b_3) \in (\mathbb{Z}_2^8)^4$，则：

$$(b_0, b_1, b_2, b_3) = \tau(A) = (\text{Sbox}(a_0), \text{Sbox}(a_1), \text{Sbox}(a_2), \text{Sbox}(a_3))$$

对于每个 S 盒的 8 位输入，前 4 位作为行，后 4 位作为列，输出为表 14-1 中对应行列所对应的值。例如，字节 0b00000000 变换后的值为 $\text{Sbox}(0,0) = \text{D6}$。S 盒结构如表 14-1 所示。

表 14-1 S 盒结构

	0	1	2	3	4	5	6	7	8	9	A	B	C	D	E	F
0	D6	90	E9	FE	CC	E1	3D	B7	16	B6	14	C2	28	FB	2C	05
1	2B	67	9A	76	2A	BE	04	C3	AA	44	13	26	49	86	06	99
2	9C	42	50	F4	91	EF	98	7A	33	54	0B	43	ED	CF	AC	62
3	E4	B3	1C	A9	C9	08	E8	95	80	DF	94	FA	75	8F	3F	A6
4	47	07	A7	FC	F3	73	17	BA	83	59	3C	19	E6	85	4F	A8
5	68	6B	81	B2	71	64	DA	8B	F8	EB	0F	4B	70	56	9D	35
6	1E	24	0E	5E	63	58	D1	A2	25	22	7C	3B	01	21	78	87
7	D4	00	46	57	9F	D3	27	52	4C	36	02	E7	A0	C4	C8	9E
8	EA	BF	8A	D2	40	C7	38	B5	A3	F7	F2	CE	F9	61	15	A1
9	E0	AE	5D	A4	9B	34	1A	55	AD	93	32	30	F5	8C	B1	E3
A	1D	F6	E2	2E	82	66	CA	60	C0	29	23	AB	0D	53	4E	6F
B	D5	DB	37	45	DE	FD	8E	2F	03	FF	6A	72	6D	6C	5B	51
C	8D	1B	AF	92	BB	DD	BC	7F	11	D9	5C	41	1F	10	5A	D8
D	0A	C1	31	88	A5	CD	7B	BD	2D	74	D0	12	B8	E5	B4	B0
E	89	69	97	4A	0C	96	77	7E	65	B9	F1	09	C5	6E	C6	84
F	18	F0	7D	EC	3A	DC	4D	20	79	EE	5F	3E	D7	CB	39	48

2. 线性变换

L 是线性变换，非线性变换的输出是线性变换的输入。设输入为 $B \in \mathbb{Z}_2^{32}$，输出为 $C \in \mathbb{Z}_2^{32}$，则：

$$C = L(B) = B \oplus (B \lll_{32} 2) \oplus (B \lll_{32} 10) \oplus (B \lll_{32} 18) \oplus (B \lll_{32} 24)$$

式中，$\lll_{32}$ 代表 32 位循环左移，如 $B \lll_{32} 2$ 代表 32 位循环左移 2 位。

3. 密钥扩展算法

密钥扩展算法用于将 128 位的加密密钥转换为 32 轮的轮密钥。SM4 算法的加密密钥的长度为 128 位，表示为 $\mathrm{MK} = (\mathrm{MK}_0, \mathrm{MK}_1, \mathrm{MK}_2, \mathrm{MK}_3)$，其中 MK_i（$i = 0,1,2,3$）的长度为 32 位。每轮密钥的长度为 32 位，共 32 轮，表示为 $(\mathrm{rk}_0, \mathrm{rk}_1, \cdots, \mathrm{rk}_{31})$。除此之外，系统参数 $\mathrm{FK} = (\mathrm{FK}_0, \mathrm{FK}_1, \mathrm{FK}_2, \mathrm{FK}_3)$，固定参数 $\mathrm{CK} = (\mathrm{CK}_0, \mathrm{CK}_1, \cdots, \mathrm{CK}_{31})$。SM4 密钥扩展算法如下。

首先计算 $(K_0, K_1, K_2, K_3) = (\mathrm{MK}_0 \oplus \mathrm{FK}_0, \mathrm{MK}_1 \oplus \mathrm{FK}_1, \mathrm{MK}_2 \oplus \mathrm{FK}_2, \mathrm{MK}_3 \oplus \mathrm{FK}_3)$，然后对 $i = 0,1,\cdots,31$，计算轮密钥 rk_i：

$$\mathrm{rk}_i = K_{i+4} = K_i \oplus T'(K_{i+1} \oplus K_{i+2} \oplus K_{i+3} \oplus \mathrm{CK}_i)$$

式中，T' 与加密算法轮函数中 T 的计算方法相似，只是将其中的线性变换 L 改为以下形式：

$$L'(B) = B \oplus (B \lll_{32} 13) \oplus (B \lll_{32} 23)$$

14.2 算法伪代码

本节介绍上述算法的伪代码描述，伪代码清单如表 14-2 所示。

表 14-2 伪代码清单

算法序号	算法	算法名
14.2.1.1	密钥扩展算法	sm4_key_schedule
14.2.1.2	密钥扩展算法中的线性变换	L'
14.2.2.1	加密算法	sm4_encrypt
14.2.2.2	合成置换	T
14.2.2.3	非线性变换	τ
14.2.2.4	加解密算法中的线性变换	L
14.2.3.1	解密算法	sm4_decrypt

14.2.1 密钥扩展算法伪代码

密钥扩展算法的输入为 128 位的初始密钥 key，输出为轮密钥组 $\mathrm{rk}[0,1,\cdots,31]$，伪代码如下：

算法 14.2.1.1 sm4_key_schedule(key)

// 输入：初始密钥 key

// 输出：轮密钥组 $\mathrm{rk}[0,1,\cdots,31]$

$k_0,k_1,k_2,k_3 \leftarrow \mathrm{key}[0,1,\cdots,31],\mathrm{key}[32,33,\cdots,63],\mathrm{key}[64,65,\cdots,95],$
$\mathrm{key}[96,97,\cdots,127]$

$k_0 \leftarrow k_0 \oplus \mathrm{FK}[0]$

$k_1 \leftarrow k_1 \oplus \mathrm{FK}[1]$

$k_2 \leftarrow k_2 \oplus \mathrm{FK}[2]$

$k_3 \leftarrow k_3 \oplus \mathrm{FK}[3]$

for $i \leftarrow 0$ **to** 31 **do**

$\quad \mathrm{rk}[i] \leftarrow k_0 \oplus T'(k_1 \oplus k_2 \oplus k_3 \oplus \mathrm{CK}[i])$

$\quad k_0,k_1,k_2,k_3 \leftarrow k_1,k_2,k_3,\mathrm{rk}[i]$

return rk

其中，T' 为一个合成置换，是 T 置换中的线性变换 L 替换为 L' 的结果。线性变换 L' 的输入为 32 位消息 B，输出为经过线性变换的消息，伪代码如下：

算法 14.2.1.2 $L'(B)$

// 输入：32 位消息 B

// 输出：经过线性变换的消息

return $B \oplus (B \lll_{32} 13) \oplus (B \lll_{32} 23)$

14.2.2　加密算法伪代码

加密算法经过 32 轮迭代运算，算法的输入为 128 位的明文消息 plaintext 和轮密钥组 rk，输出为 128 位的密文消息 ciphertext，伪代码如下：

算法 14.2.2.1　sm4_encrypt(plaintext, rk)

```
// 输入：128 位的明文消息 plaintext 和轮密钥组 rk
// 输出：128 位的密文消息 ciphertext
X_0 ← plaintext[0,1,…,31]
X_1 ← plaintext[32,33,…,63]
X_2 ← plaintext[64,65,…,95]
X_3 ← plaintext[96,97,…,127]
for i ← 0 to 31 do
    temp ← F(X_0, X_1, X_2, X_3, rk[i])
    X_0, X_1, X_2, X_3 ← X_1, X_2, X_3, temp
ciphertext ← X_3 || X_2 || X_1 || X_0
return ciphertext
```

其中轮函数 T 是一个合成置换，包含一个非线性变换 τ 和一个线性变换 L，输入为 32 位的消息 B，输出为经过合成置换的消息，伪代码如下：

算法 14.2.2.2　$T(B)$

// 输入：32 位的消息 B

// 输出：经过合成置换的消息

return $L(\tau(B))$

非线性变换 τ 的输入为 32 位的消息 B，输出为经过非线性变换的消息，伪代码如下：

算法 14.2.2.3　$\tau(B)$

// 输入：32 位的消息 B

// 输出：经过非线性变换的消息

$a_0, a_1, a_2, a_3 \leftarrow B[0,1,\cdots,7], B[8,9,\cdots,15], B[16,17,\cdots,23], B[24,25,\cdots,31]$

$b_0, b_1, b_2, b_3 \leftarrow \mathrm{Sbox}(a_0), \mathrm{Sbox}(a_1), \mathrm{Sbox}(a_2), \mathrm{Sbox}(a_3)$

return $b_0 \| b_1 \| b_2 \| b_3$

线性变换 L 的输入为 32 位的消息 B，输出为经过线性变换的消息，伪代码如下：

算法 14.2.2.4　$L(B)$

// 输入：32 位的消息 B

// 输出：经过线性变换的消息

return $B \oplus (B \lll_{32} 2) \oplus (B \lll_{32} 10) \oplus (B \lll_{32} 18) \oplus (B \lll_{32} 24)$

14.2.3 解密算法伪代码

解密算法与加密算法结构相同，仅轮密钥使用顺序不同。解密算法的输入为 128 位的密文消息 ciphertext 和轮密钥组 rk，输出为 128 位的明文消息 plaintext，伪代码如下：

算法 14.2.3.1 sm4_decrypt(ciphertext, rk)

// 输入：128 位的密文消息 ciphertext 和轮密钥组 rk
// 输出：128 位的明文消息 plaintext
$X_0 \leftarrow \text{ciphertext}[0,1,\cdots,31]$
$X_1 \leftarrow \text{ciphertext}[32,33,\cdots,63]$
$X_2 \leftarrow \text{ciphertext}[64,65,\cdots,95]$
$X_3 \leftarrow \text{ciphertext}[96,97,\cdots,127]$
for $i \leftarrow 0$ **to** 31 **do**
  $\text{temp} \leftarrow F(X_0, X_1, X_2, X_3, \text{rk}[31-i])$
  $X_0, X_1, X_2, X_3 \leftarrow X_1, X_2, X_3, \text{temp}$
$\text{plaintext} \leftarrow X_3 \| X_2 \| X_1 \| X_0$
return plaintext

14.3 算法实现与测试

针对 SM4 算法，本节给出使用 Python（版本大于 3.9）实现的源代码及相应的测试数据，源代码清单如表 14-3 所示。其中，加解密算法的输入和输出均为整数；密钥扩展算法的输入为整数，输出为整数数组。

表 14-3 源代码清单

文 件 名	包 含 算 法
sm4.py	SM4 算法

SM4 算法分组长度和密钥长度均为 128 位，加密算法与密钥扩展算法都采用 32 轮非线性迭代结构，解密算法与加密算法的结构相同。下面给出 3 组 SM4 算法测试数据，如表 14-4 所示。

表 14-4 SM4 算法测试数据

密 钥	明 文	密 文
0x0123456789abcdeffedcba9876543210	0x00112233445566778899aabbccddeeff	0x09325c4853832dcb9337a5984f671b9a
0x456789abcdeffedcba98765432100123	0x2233445566778899aabbccddeeff0011	0x58ab414d84fb3008b0bee987f97021e6
0x89abcdeffedcba987654321001234567	0x445566778899aabbccddeeff00112233	0x5937a929a2d9137216c72a28cd9cf619

给出经过密钥生成算法生成的轮密钥，其中描述轮密钥时省略“0x”，具体数据如表 14-5 所示。

表 14-5 经过密钥生成算法生成的轮密钥

初始密钥：0x0123456789abcdeffedcba9876543210							
轮次	轮密钥值	轮次	轮密钥值	轮次	轮密钥值	轮次	轮密钥值
第 1 轮	f12186f9	第 9 轮	a520307c	第 17 轮	d120b428	第 25 轮	b79bd80c
第 2 轮	41662b61	第 10 轮	b7584dbd	第 18 轮	73b55fa3	第 26 轮	1d2115b0
第 3 轮	5a6ab19a	第 11 轮	c30753ed	第 19 轮	cc874966	第 27 轮	0e228aeb
第 4 轮	7ba92077	第 12 轮	7ee55b57	第 20 轮	92244439	第 28 轮	f1780c81
第 5 轮	367360f4	第 13 轮	6988608c	第 21 轮	e89e641f	第 29 轮	428d3654
第 6 轮	776a0c61	第 14 轮	30d895b7	第 22 轮	98ca015a	第 30 轮	62293496
第 7 轮	b6bb89b3	第 15 轮	44ba14af	第 23 轮	c7159060	第 31 轮	01cf72e5
第 8 轮	24763151	第 16 轮	104495a1	第 24 轮	99e1fd2e	第 32 轮	9124a012

在加密过程中，轮函数 F 的输入、输出及变换过程中的中间数据如表 14-6 所示，描述时省略“0x”。

表 14-6 轮函数 F 的输入、输出及变换过程中的中间数据

轮 次	输入 X	轮密钥 rk	非线性变换 τ	线性变换 L	轮函数 F 输出
第 1 轮	00112233 44556677 8899aabb ccddeeff	f12186f9	f0e4825c	f4fcdffc	f4edfdcf
第 2 轮	44556677 8899aabb ccddeeff f4edfdcf	41662b61	f0d85df1	d4f9f6c9	90ac90be
第 3 轮	8899aabb ccddeeff f4edfdcf 90ac90be	5a6ab19a	7d4d1c2a	e6dd7d5e	6e44d7e5
第 4 轮	ccddeeff f4edfdcf 90ac90be 6e44d7e5	7ba92077	000d324a	b7d8de64	7b05309b
第 5 轮	f4edfdcf 90ac90be 6e44d7e5 7b05309b	367360f4	45b1c3c9	52194efe	a6f4b331
第 6 轮	90ac90be 6e44d7e5 7b05309b a6f4b331	776a0c61	bbb0f8ac	d898f6cb	48346675

续表

轮　次	输入 X	轮密钥 rk	非线性变换 τ	线性变换 L	轮函数 F 输出
第 7 轮	6e44d7e5 7b05309b a6f4b331 48346675	b6bb89b3	f4c80101	021f19f4	6c5bce11
第 8 轮	7b05309b a6f4b331 48346675 6c5bce11	24763151	ca6e0bcc	b8005065	c30560fe
第 9 轮	a6f4b331 48346675 6c5bce11 c30560fe	a520307c	a73c7977	5851e2bd	fea5518c
第 10 轮	48346675 6c5bce11 c30560fe fea5518c	b7584dbd	772e37b4	79eeca36	31daac43
第 11 轮	6c5bce11 c30560fe fea5518c 31daac43	c30753ed	d8c45ab8	78847473	14dfba62
第 12 轮	c30560fe fea5518c 31daac43 14dfba62	7ee55b57	6673495f	4880fb3f	8b859bc1
第 13 轮	fea5518c 31daac43 14dfba62 8b859bc1	6988608c	7f166e01	638d39cf	9d286843
第 14 轮	31daac43 14dfba62 8b859bc1 9d286843	30d895b7	1c23b88b	8b7f25e1	baa589a2
第 15 轮	14dfba62 8b859bc1 9d286843 baa589a2	44ba14af	653778a1	6fe8bc15	7b370677
第 16 轮	8b859bc1 9d286843 baa589a2 7b370677	104495a1	e6394695	1477aaf9	9ff23138

续表

轮　次	输入 X	轮密钥 rk	非线性变换 τ	线性变换 L	轮函数 F 输出
第 17 轮	9d286843 baa589a2 7b370677 9ff23138	d120b428	a14714dd	b6dff326	2bf79b65
第 18 轮	baa589a2 7b370677 9ff23138 2bf79b65	73b55fa3	6db5ecf7	486181a7	f2c40805
第 19 轮	7b370677 9ff23138 2bf79b65 f2c40805	cc874966	f217093f	7d620d5d	06550b2a
第 20 轮	9ff23138 2bf79b65 f2c40805 06550b2a	92244439	85a7b857	bb03b639	24f18701
第 21 轮	2bf79b65 f2c40805 06550b2a 24f18701	e89e641f	803989b3	f3b75812	d840c377
第 22 轮	f2c40805 06550b2a 24f18701 d840c377	98ca015a	0eac4f3d	84db110d	761f1908
第 23 轮	06550b2a 24f18701 d840c377 761f1908	c7159060	85721006	1e652dd1	183026fb
第 24 轮	24f18701 d840c377 761f1908 183026fb	99e1fd2e	62159023	dfecc0e0	fb1d47e1
第 25 轮	d840c377 761f1908 183026fb fb1d47e1	b79bd80c	50291d06	c6b019e6	1ef0da91
第 26 轮	761f1908 183026fb fb1d47e1 1ef0da91	1d2115b0	89d74efa	32d26f24	44cd762c

续表

轮　　次	输入 X	轮密钥 rk	非线性变换 τ	线性变换 L	轮函数 F 输出
第 27 轮	183026fb fb1d47e1 1ef0da91 44cd762c	0e228aeb	6fe9242f	cb0f5fad	d33f7956
第 28 轮	fb1d47e1 1ef0da91 44cd762c d33f7956	f1780c81	4c02747c	d86766c0	237a2121
第 29 轮	1ef0da91 44cd762c d33f7956 237a2121	428d3654	4de1aa05	5197c10b	4f671b9a
第 30 轮	44cd762c d33f7956 237a2121 4f671b9a	62293496	e5c252e7	d7fad3b4	9337a598
第 31 轮	d33f7956 237a2121 4f671b9a 9337a598	01cf72e5	39966ebc	80bc549d	53832dcb
第 32 轮	237a2121 4f671b9a 9337a598 53832dcb	9124a012	0620a912	2a487d69	09325c48

解密算法与加密算法结构相同，区别在于轮密钥使用顺序相反，读者可以自行验证。

14.4 思考题

（1）请分析 SM4 算法在进行加密时，轮函数在各个阶段的时间占比。

（2）SM4 加解密算法中可以将 S 盒与后续的线性变换 L 合并成 T 盒，从而节省循环移位的开销，请描述如何编程构造出 T 盒。

第 15 章　SM3 算法

SM3 算法由国家密码管理局在 2010 年发布，于 2012 年发布为密码行业标准（GM/T 0004—2012），2016 年发布为国家密码杂凑算法标准（GB/T 32905—2016）。SM3 算法适用于密码应用中的数字签名和验证、消息认证码的生成与验证，以及随机数的生成，可满足多种密码应用的安全需求。

15.1　算法原理

15.1.1　SM3 算法整体结构

SM3 算法和 MD5 算法的迭代过程类似，采用 Merkle-Damgard 结构，是在 SHA-256 算法基础上改进实现的一种算法，其安全性和 SHA-256 算法相当。SM3 算法的消息分组长度为 512 比特，杂凑值长度为 256 比特。对长度为 l（$l<2^{64}$）比特的消息，SM3 算法经过填充和迭代压缩，生成杂凑值，杂凑值长度为 256 比特。SM3 算法整体流程如图 15-1 所示。

15.1.2　SM3 算法详细结构

1．常量与函数

1）初始值

初始值 **IV** 由 8 个 32 比特字构成，其十六进制表示如下。

IV = 0x7380166f4914b2b9172442d7da8a0600a96f30bc163138aae38dee4db0fb0e4e

2）常量

$$T_j=\begin{cases}\text{0x79cc4519} & 0\leqslant j\leqslant 15\\ \text{0x7a879d8a} & 16\leqslant j\leqslant 63\end{cases}$$

3）布尔函数

$$\mathrm{FF}_j(X,Y,Z)=\begin{cases}X\oplus Y\oplus Z & 0\leqslant j\leqslant 15\\ (X\wedge Y)\vee(X\wedge Z)\vee(Y\wedge Z) & 16\leqslant j\leqslant 63\end{cases}$$

$$\mathrm{GG}_j(X,Y,Z)=\begin{cases}X\oplus Y\oplus Z & 0\leqslant j\leqslant 15\\ (X\wedge Y)\vee(\bar{X}\wedge Z) & 16\leqslant j\leqslant 63\end{cases}$$

式中，X、Y、Z 是 32 比特字；$\bar{X}$ 表示取反运算。

4）置换函数

$$P_0(X)=X\oplus(X\lll_{32}9)\oplus(X\lll_{32}17)$$
$$P_1(X)=X\oplus(X\lll_{32}15)\oplus(X\lll_{32}23)$$

式中，X 是 32 比特字。

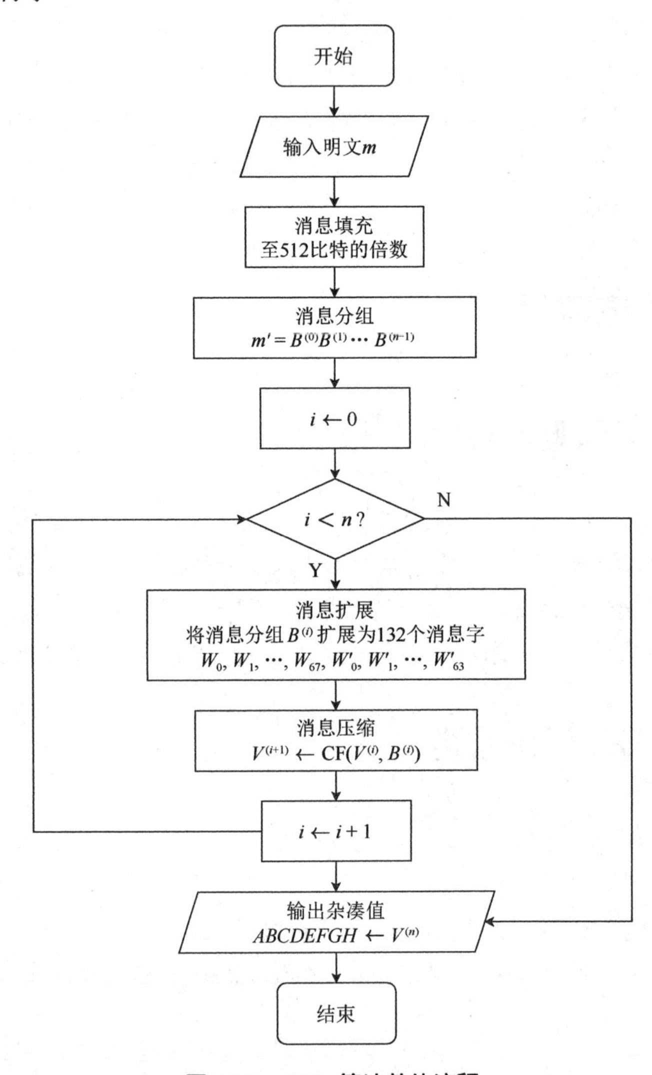

图 15-1　SM3 算法整体流程

2. 消息填充

假设消息 m 的长度为 l 比特，则先将比特“1”添加到消息的末尾，再添加 k 个“0”，k 是满足 $l+1+k\equiv 448\pmod{512}$ 的最小的非负整数。之后添加一个 64 位比特串，该比特串是长度 l 的二进制表示。填充后的消息 m' 的长度为 512 比特的倍数。

例如，对于消息：01100001 01100010 01100011，其长度 $l=24$ 比特，经填充得到比特串为：

$$0110000101100010\ 011000111\overbrace{00\cdots00}^{423\text{比特}}\underbrace{\overbrace{00\cdots011000}^{64\text{比特}}}_{l\text{的二进制表示}}$$

3. 迭代压缩

1）迭代过程

将填充后的消息 m' 按 512 比特进行分组：

$$m' = B^{(0)} B^{(1)} \cdots B^{(n-1)}$$

式中，$n = (l + k + 65) / 512$。

对 m' 按下列方式迭代：

for $i \leftarrow 0$ **to** $(n-1)$ **do**

$$V^{(i+1)} \leftarrow \mathrm{CF}\left(V^{(i)}, B^{(i)}\right)$$

其中，CF 为压缩函数，$V^{(0)}$ 为 256 比特初始值 **IV**，$B^{(i)}$ 为填充后的消息分组，迭代压缩的结果为 $V^{(n)}$。

2）消息扩展

将消息分组 $B^{(i)}$ 按以下方法扩展生成 132 个消息字 $W_0, W_1, \cdots, W_{67}, W'_0, W'_1, \cdots, W'_{63}$，用于压缩函数 CF：

第 1 步，将消息分组 $B^{(i)}$ 划分为 16 个字 $W_0, W_1, \cdots, W_{15}$。

第 2 步，

for $j \leftarrow 16$ **to** 67 **do**

$$W_j \leftarrow P_1\left(W_{j-16} \oplus W_{j-9} \oplus \left(W_{j-3} \lll_{32} 15\right)\right) \oplus \left(W_{j-13} \lll_{32} 7\right) \oplus W_{j-6}$$

第 3 步，

for $j \leftarrow 0$ **to** 63 **do**

$$W'_j \leftarrow W_j \oplus W_{j+4}$$

3）压缩函数

令 A、B、C、D、E、F、G、H 为字寄存器变量，SS1、SS2、TT1、TT2 为中间变量，压缩函数 $V^{(i+1)} = \mathrm{CF}\left(V^{(i)}, B^{(i)}\right)$，$0 \leqslant i \leqslant n-1$。计算过程描述如下：

$ABCDEFGH \leftarrow V^{(i)}$

for $j \leftarrow 0$ **to** 63 **do**

$$\mathrm{SS1} \leftarrow \left(\left(A \lll_{32} 12\right) + E + \left(T_j \lll_{32} (j \bmod 32)\right)\right) \lll_{32} 7$$

$$\mathrm{SS2} \leftarrow \mathrm{SS1} \oplus \left(A \lll_{32} 12\right)$$

$$\mathrm{TT1} \leftarrow \mathrm{FF}_j(A, B, C) + D + \mathrm{SS2} + W'_j$$

$$\mathrm{TT2} \leftarrow \mathrm{GG}_j(E, F, G) + H + \mathrm{SS1} + W_j$$

$$D \leftarrow C$$

$$C \leftarrow B \lll_{32} 9$$

$$B \leftarrow A$$

$A \leftarrow \mathrm{TT1}$

$H \leftarrow G$

$G \leftarrow F \lll_{32} 19$

$F \leftarrow E$

$E \leftarrow P_0(\mathrm{TT2})$

$V^{(i+1)} \leftarrow ABCDEFGH \oplus V^{(i)}$

其中，字的存储采用大端序，左边为高有效位，右边为低有效位。

4. 输出杂凑值

$ABCDEFGH \leftarrow V^{(n)}$

输出 256 比特的杂凑值 $y = ABCDEFGH$ 。

15.2 算法伪代码

本节介绍上述算法的伪代码描述。伪代码清单如表 15-1 所示。

表 15-1 伪代码清单

算法序号	算　法	算 法 名
15.2.1.1	杂凑算法	sm3_digest
15.2.2.1	消息填充算法	sm3_padding
15.2.3.1	消息扩展算法	sm3_extend
15.2.4.1	压缩算法	sm3_round

15.2.1 杂凑算法伪代码

杂凑算法 sm3_digest 的输入为消息 msg，输出为杂凑值 digest。其中，状态数据 state 的初始值 **IV** 为 8 个 32 比特字，**IV** 的取值见 15.1.2 节常量与函数。算法伪代码如下：

算法 15.2.1.1 sm3_digest(msg)

```
// 输入：消息 msg
// 输出：杂凑值 digest
state ← 初始值 IV
msg ← sm3_padding(msg)
msg_len ← msg 的字节长度
for i ← 0 to msg_len / 64 do
    W,W′ ← sm3_extend(msg的第i个分组)
    state ← sm3_round(W,W′,state)
digest ← state[0] || state[1] || ··· || state[7]
return digest
```

15.2.2　消息填充算法伪代码

消息填充算法 sm3_padding 负责把消息填充到需要的长度，填充后消息的二进制长度应该为 512 比特的整数倍。算法的输入为消息 msg，输出为填充后的消息 M。算法伪代码如下：

算法 15.2.2.1　sm3_padding(msg)

```
// 输入：消息 msg
// 输出：填充后的消息 M
msg_len ← msg 字节长度(使用 64 比特长度存储)
pad_num ← 64 − ((msg_len + 8) mod 64)
padding ← (pad_num − 1) 长度的全 0 字节串
M ← msg || 0x80 || padding || (8 · msg_len)
return M
```

15.2.3　消息扩展算法伪代码

消息扩展算法 sm3_extend 将当前分组的消息 msg 进行扩展，输出当前分组的消息的扩展结果 W 和 W'，其中的置换函数 P_1 见 15.1.2 节常量与函数。算法伪代码如下：

算法 15.2.3.1　sm3_extend(msg)

```
// 输入：64 字节长度的消息分组 msg
// 输出：扩展结果 W 和 W'
W[0,1,…,15] ← msg
W' ← ε
for i ← 16 to 67 do
    t ← P1(W[i−16] ⊕ W[i−9] ⊕ (W[i−3] <<<32 15))
    t ← t ⊕ (W[i−3] <<<32 7) ⊕ W[i−6]
    W[i] ← t
for i ← 0 to 63 do
    W'[i] ← W[i] ⊕ W[i+4]
return W, W'
```

15.2.4　压缩算法伪代码

压缩算法 sm3_round 的输入为消息扩展结果 W 和 W'，以及上一轮的状态数据 state，输出为本轮压缩后的状态数据，其中的常量 T_j、布尔函数 FF_j 和 GG_j、置换函数 P_0 见 15.1.2

节常量与函数。算法伪代码如下：

算法 15.2.4.1 sm3_round(W, W', state)

// 输入：消息扩展结果 W 和 W'，上一轮的状态数据 state
// 输出：本轮压缩后的状态数据
$A,B,C,D,E,F,G,H \leftarrow \text{state}$
for $j \leftarrow 0$ **to** 63 **do**
$\text{SS1} \leftarrow \left(\left(A \lll_{32} 12\right) + E + \left(T_j \lll_{32} \left(j \bmod 32\right)\right)\right) \lll_{32} 7$
$\text{SS2} \leftarrow \text{SS1} \oplus \left(A \lll_{32} 12\right)$
$\text{TT1} \leftarrow \text{FF}_j\left(A,B,C\right) + D + \text{SS2} + W'[j]$
$\text{TT2} \leftarrow \text{GG}_j\left(E,F,G\right) + H + \text{SS1} + W[j]$
$D \leftarrow C$
$C \leftarrow B \lll_{32} 9$
$B \leftarrow A$
$A \leftarrow \text{TT1}$
$H \leftarrow G$
$G \leftarrow F \lll_{32} 19$
$F \leftarrow E$
$E \leftarrow P_0\left(\text{TT2}\right)$
return $ABCDEFGH \oplus \text{state}$

15.3 算法实现与测试

本节给出使用 Python（版本大于 3.9）实现的源代码及相应的测试数据。源代码清单如表 15-2 所示。

表 15-2 源代码清单

文 件 名	包 含 算 法
sm3.py	SM3 算法

下面给出 3 组 SM3 算法的输入输出测试数据，数据均采用十六进制串描述，如表 15-3 所示。

表 15-3 SM3 算法的输入输出测试数据

序 号	输 入	输 出
1	0x616263	0x66c7f0f462eeedd9d1f2d46bdc10e4e24167 c4875cf2f7a2297da02b8f4ba8e0

续表

序　号	输　入	输　出
2	0x6162636461626364616263646162636461626364616263646162636461626 364616263646162636461626364616263646162636461626364616263646162 63646162636461626364	0xdebe9ff92275b8a138604889c18e5a4d6fdb 70e5387e5765293dcba39c0c5732
3	0x4051c3b6624e0569031d4dc396c2b0c3b1c3a45a331bc2826ec2a30 ec29ec3814f27c39f4fc3941cc2a07d2ac38d43c286551373c39156c3b 1c38d1a5b3ac39b2fc2a33a273a1024c3a6c3a3c3b8c3a05679c39ac2b 5551e1b73c29d63c2bfc29bc3b446c3963bc381c3bf34c2966f50404c c2bd22202f25383cc3b101156ec29a12205ac39907c29974	0x42661b5e79678b00a1ac376fbfdde93d3db 9924e2fadd2dd5fa46bb2b8b56d19

针对表 15-3 中 SM3 算法的第 1 组输入输出测试数据，给出中间数据，如表 15-4 所示，数据均采用十六进制串描述，描述时省略“0x”。

表 15-4　中间数据

<table>
<tr><td>消息填充</td><td colspan="8">输　出</td></tr>
<tr><td>M</td><td colspan="8">61626380 00000000 00000000 00000000 00000000 00000000 00000000 00000000 00000000 00000000
00000000 00000000 00000000 00000000 00000000 00000018</td></tr>
<tr><td>扩展后消息</td><td colspan="8"></td></tr>
<tr><td>W[0]～W[67]</td><td colspan="8">61626380 00000000 00000000 00000000 00000000 00000000 00000000 00000000 00000000 00000000
00000000 00000000 00000000 00000000 00000000 00000018 9092e200 00000000 000c0606 719c70ed
00000000 8001801f 939f7da9 00000000 2c6fa1f9 adaaef14 00000000 0001801e 9a965f89 49710048
23ce86a1 b2d12f1b e1dae338 f8061807 055d68be 86cfd481 1f447d83 d9023dbf 185898e0 e0061807
050df55c cde0104c a5b9c955 a7df0184 6e46cd08 e3babdf8 70caa422 0353af50 a92dbca1 5f33cfd2
e16f6e89 f70fe941 ca5462dc 85a90152 76af6296 c922bdb2 68378cf5 97585344 09008723 86faee74
2ab908b0 4a64bc50 864e6e08 f07e6590 325c8f78 accb8011 e11db9dd b99c0545</td></tr>
<tr><td>W'[0]～W'[67]</td><td colspan="8">61626380 00000000 00000000 00000000 00000000 00000000 00000000 00000000 00000000 00000000
00000000 00000018 9092e200 00000000 000c0606 719c70f5 9092e200 8001801f 93937baf 719c70ed
2c6fa1f9 2dab6f0b 939f7da9 0001801e b6f9fe70 e4dbef5c 23ce86a1 b2d0af05 7b4cbcb1 b177184f
2693ee1f 341efb9a fe9e9ebb 210425b8 1d05f05e 66c9cc86 1a4988df 14e22df3 bde151b5 47d91983
6b4b3854 2e5aadb4 d5736d77 a48caed4 c76b71a9 bc89722a 91a5caab f45c4611 6379de7d da9ace80
97c00c1f 3e2d54f3 a263ee29 12f15216 7fafe5b5 4fd853c6 428e8445 dd3cef14 8f4ee92b 76848be4
18e587c8 e6af3c41 6753d7d5 49e260d5</td></tr>
<tr><td>字寄存器变量</td><td>A</td><td>B</td><td>C</td><td>D</td><td>E</td><td>F</td><td>G</td><td>H</td></tr>
<tr><td>迭代压缩中间值</td><td>7380166f</td><td>4914b2b9</td><td>172442d7</td><td>da8a0600</td><td>a96f30bc</td><td>163138aa</td><td>e38dee4d</td><td>b0fb0e4e</td></tr>
<tr><td>第 0 轮</td><td>b9edc12b</td><td>7380166f</td><td>29657292</td><td>172442d7</td><td>b2ad29f4</td><td>a96f30bc</td><td>c550b189</td><td>e38dee4d</td></tr>
<tr><td>第 1 轮</td><td>ea52428c</td><td>b9edc12b</td><td>002cdee7</td><td>29657292</td><td>ac353a23</td><td>b2ad29f4</td><td>85e54b79</td><td>c550b189</td></tr>
<tr><td>第 2 轮</td><td>609f2850</td><td>ea52428c</td><td>db825773</td><td>002cdee7</td><td>d33ad5fb</td><td>ac353a23</td><td>4fa59569</td><td>85e54b79</td></tr>
<tr><td>第 3 轮</td><td>35037e59</td><td>609f2850</td><td>a48519d4</td><td>db825773</td><td>b8204b5f</td><td>d33ad5fb</td><td>d11d61a9</td><td>4fa59569</td></tr>
<tr><td>第 4 轮</td><td>1f995766</td><td>35037e59</td><td>3e50a0c1</td><td>a48519d4</td><td>8ad212ea</td><td>b8204b5f</td><td>afde99d6</td><td>d11d61a9</td></tr>
<tr><td>第 5 轮</td><td>374a0ca7</td><td>1f995766</td><td>06fcb26a</td><td>3e50a0c1</td><td>acf0f639</td><td>8ad212ea</td><td>5afdc102</td><td>afde99d6</td></tr>
<tr><td>第 6 轮</td><td>33130100</td><td>374a0ca7</td><td>32aecc3f</td><td>06fcb26a</td><td>3391ec8a</td><td>acf0f639</td><td>97545690</td><td>5afdc102</td></tr>
<tr><td>第 7 轮</td><td>1022ac97</td><td>33130100</td><td>94194e6e</td><td>32aecc3f</td><td>367250a1</td><td>3391ec8a</td><td>b1cd6787</td><td>97545690</td></tr>
</table>

续表

字寄存器变量	*A*	*B*	*C*	*D*	*E*	*F*	*G*	*H*
第 8 轮	d47caf4c	1022ac97	26020066	94194e6e	6ad473a4	367250a1	64519c8f	b1cd6787
第 9 轮	59c2744b	d47caf4c	45592e20	26020066	c6a3ceae	6ad473a4	8509b392	64519c8f
第 10 轮	481ba2a0	59c2744b	f95e99a8	45592e20	02afb727	c6a3ceae	9d2356a3	8509b392
第 11 轮	694a3d09	481ba2a0	84e896b3	f95e99a8	9dd1b58c	02afb727	7576351e	9d2356a3
第 12 轮	89cbcd58	694a3d09	37454090	84e896b3	6370db62	9dd1b58c	b938157d	7576351e
第 13 轮	24c95abc	89cbcd58	947a12d2	37454090	1a4a2554	6370db62	ac64ee8d	b938157d
第 14 轮	7c529778	24c95abc	979ab113	947a12d2	3ee95933	1a4a2554	db131b86	ac64ee8d
第 15 轮	34d1691e	7c529778	92b57849	979ab113	61f99646	3ee95933	2aa0d251	db131b86
第 16 轮	796afab1	34d1691e	a52ef0f8	92b57849	067550f5	61f99646	c999f74a	2aa0d251
第 17 轮	7d27cc0e	796afab1	a2d23c69	a52ef0f8	b3c8669b	067550f5	b2330fcc	c999f74a
第 18 轮	d7820ad1	7d27cc0e	d5f562f2	a2d23c69	575c37d8	b3c8669b	87a833aa	b2330fcc
第 19 轮	f84fd372	d7820ad1	4f981cfa	d5f562f2	a5dceaf1	575c37d8	34dd9e43	87a833aa
第 20 轮	02c57896	f84fd372	0415a3af	4f981cfa	74576681	a5dceaf1	bec2bae1	34dd9e43
第 21 轮	4d0c2fcd	02c57896	9fa6e5f0	0415a3af	576f1d09	74576681	578d2ee7	bec2bae1
第 22 轮	eeeec41a	4d0c2fcd	8af12c05	9fa6e5f0	b5523911	576f1d09	340ba2bb	578d2ee7
第 23 轮	f368da78	eeeec41a	185f9a9a	8af12c05	6a879032	b5523911	e84abb78	340ba2bb
第 24 轮	15ce1286	f368da78	dd8835dd	185f9a9a	62063354	6a879032	c88daa91	e84abb78
第 25 轮	c3fd31c2	15ce1286	d1b4f1e6	dd8835dd	4db58f43	62063354	8193543c	c88daa91
第 26 轮	6243be5e	c3fd31c2	9c250c2b	d1b4f1e6	131152fe	4db58f43	9aa31031	8193543c
第 27 轮	a549beaa	6243be5e	fa638587	9c250c2b	cf65e309	131152fe	7a1a6dac	9aa31031
第 28 轮	e11eb847	a549beaa	877cbcc4	fa638587	e5b64e96	cf65e309	97f0988a	7a1a6dac
第 29 轮	ff9bac9d	e11eb847	937d554a	877cbcc4	9811b46d	e5b64e96	184e7b2f	97f0988a
第 30 轮	a5a4a2b3	ff9bac9d	3d708fc2	937d554a	e92df4ea	9811b46d	74b72db2	184e7b2f
第 31 轮	89a13e59	a5a4a2b3	37593bff	3d708fc2	0a1ff572	e92df4ea	a36cc08d	74b72db2
第 32 轮	3720bd4e	89a13e59	4945674b	37593bff	cf7d1683	0a1ff572	a757496f	a36cc08d
第 33 轮	9ccd089c	3720bd4e	427cb313	4945674b	da8c835f	cf7d1683	ab9050ff	a757496f
第 34 轮	c7a0744d	9ccd089c	417a9c6e	427cb313	0958ff1b	da8c835f	b41e7be8	ab9050ff
第 35 轮	d955c3ed	c7a0744d	9a113939	417a9c6e	c533f0ff	0958ff1b	1afed464	b41e7be8
第 36 轮	e142d72b	d955c3ed	40e89b8f	9a113939	d4509586	c533f0ff	f8d84ac7	1afed464
第 37 轮	e7250598	e142d72b	ab87dbb2	40e89b8f	c7f93fd3	d4509586	87fe299f	f8d84ac7
第 38 轮	2f13c4ad	e7250598	85ae57c2	ab87dbb2	1a6cabc9	c7f93fd3	ac36a284	87fe299f
第 39 轮	19f363f9	2f13c4ad	4a0b31ce	85ae57c2	c302badb	1a6cabc9	fe9e3fc9	ac36a284
第 40 轮	55e1dde2	19f363f9	27895a5e	4a0b31ce	459daccf	c302badb	5e48d365	fe9e3fc9
第 41 轮	d4f4efe3	55e1dde2	e6c7f233	27895a5e	5cfba85a	459daccf	d6de1815	5e48d365
第 42 轮	48dcbc62	d4f4efe3	c3bbc4ab	e6c7f233	6f49c7bb	5cfba85a	667a2ced	d6de1815
第 43 轮	8237b8a0	48dcbc62	e9dfc7a9	c3bbc4ab	d89d2711	6f49c7bb	42d2e7dd	667a2ced
第 44 轮	d8685939	8237b8a0	b978c491	e9dfc7a9	8ee87df5	d89d2711	3ddb7a4e	42d2e7dd
第 45 轮	d2090a86	d8685939	6f714104	b978c491	2e533625	8ee87df5	388ec4e9	3ddb7a4e
第 46 轮	e51076b3	d2090a86	d0b273b0	6f714104	d9f89e61	2e533625	efac7743	388ec4e9
第 47 轮	47c5be50	e51076b3	12150da4	d0b273b0	3567734e	d9f89e61	b1297299	efac7743

续表

字寄存器变量	*A*	*B*	*C*	*D*	*E*	*F*	*G*	*H*
第 48 轮	abddbdc8	47c5be50	20ed67ca	12150da4	3dfcdd11	3567734e	f30ecfc4	b1297299
第 49 轮	bd708003	abddbdc8	8b7ca08f	20ed67ca	93494bc0	3dfcdd11	9a71ab3b	f30ecfc4
第 50 轮	15e2f5d3	bd708003	bb7b9157	8b7ca08f	c3956c3f	93494bc0	e889efe6	9a71ab3b
第 51 轮	13826486	15e2f5d3	e100077a	bb7b9157	cd09a51c	c3956c3f	5e049a4a	e889efe6
第 52 轮	4a00ed2f	13826486	c5eba62b	e100077a	0741f675	cd09a51c	61fe1cab	5e049a4a
第 53 轮	f4412e82	4a00ed2f	04c90c27	c5eba62b	7429807c	0741f675	28e6684d	61fe1cab
第 54 轮	549db4b7	f4412e82	01da5e94	04c90c27	f6bc15ed	7429807c	b3a83a0f	28e6684d
第 55 轮	22a79585	549db4b7	825d05e8	01da5e94	9d4db19a	f6bc15ed	03e3a14c	b3a83a0f
第 56 轮	30245b78	22a79585	3b696ea9	825d05e8	f6804c82	9d4db19a	af6fb5e0	03e3a14c
第 57 轮	6598314f	30245b78	4f2b0a45	3b696ea9	f522adb2	f6804c82	8cd4ea6d	af6fb5e0
第 58 轮	c3d629a9	6598314f	48b6f060	4f2b0a45	14fb0764	f522adb2	6417b402	8cd4ea6d
第 59 轮	ddb0a26a	c3d629a9	30629ecb	48b6f060	589f7d5c	14fb0764	6d97a915	6417b402
第 60 轮	71034d71	ddb0a26a	ac535387	30629ecb	14d5c7f6	589f7d5c	3b20a7d8	6d97a915
第 61 轮	5e636b4b	71034d71	6144d5bb	ac535387	09ccd95e	14d5c7f6	eae2c4fb	3b20a7d8
第 62 轮	2bfa5f60	5e636b4b	069ae2e2	6144d5bb	4ac3cf08	09ccd95e	3fb0a6ae	eae2c4fb
第 63 轮	1547e69b	2bfa5f60	c6d696bc	069ae2e2	e808f43b	4ac3cf08	caf04e66	3fb0a6ae
结果	66c7f0f4	62eeedd9	d1f2d46b	dc10e4e2	4167c487	5cf2f7a2	297da02b	8f4ba8e0

15.4 思考题

一个好的杂凑函数应该容易造成雪崩效应，即输入中任何一个比特的变化会造成输出中的每个比特有 50%的概率发生变化。雪崩效应的主要目的是使得杂凑结果更为离散均匀。SM3 算法满足雪崩效应，请修改 SM3 算法输入中的某一比特，观察每轮运算中输出的变化情况。

第 16 章 ZUC 算法

ZUC 算法是一个面向字的同步流密码算法，以中国古代著名数学家祖冲之的拼音（ZU Chongzhi）首字母命名，中文称作祖冲之算法。2009 年 5 月，ZUC 算法正式申请参加 3GPP LTE 第三套机密性和完整性算法标准的竞选，并于 2011 年 9 月成为 3GPP LTE 第三套加密标准核心算法。ZUC 算法是中国第一个成为国际密码标准的密码算法，极大地增加了中国在国际通信安全应用领域的影响力。

16.1 算法原理

ZUC 算法采用 128 比特的初始密钥和一个 128 比特的初始向量（IV）作为输入，并输出关于字的密钥流（每 32 比特被称为一个密钥字），密钥流可用于对消息进行加密/解密。ZUC 算法的执行分为两个阶段：初始化阶段和工作阶段。在初始化阶段，初始密钥和初始向量进行初始化，即不产生输出。在工作阶段，每个时钟脉冲产生一个 32 比特的密钥输出。ZUC 算法在逻辑上采用三层结构设计：上层为定义在素域 $GF\left(2^{31}-1\right)$ 上的线性反馈移位寄存器（LFSR），中间层为比特重组（BR），下层为非线性函数。ZUC 算法整体结构如图 16-1 所示。

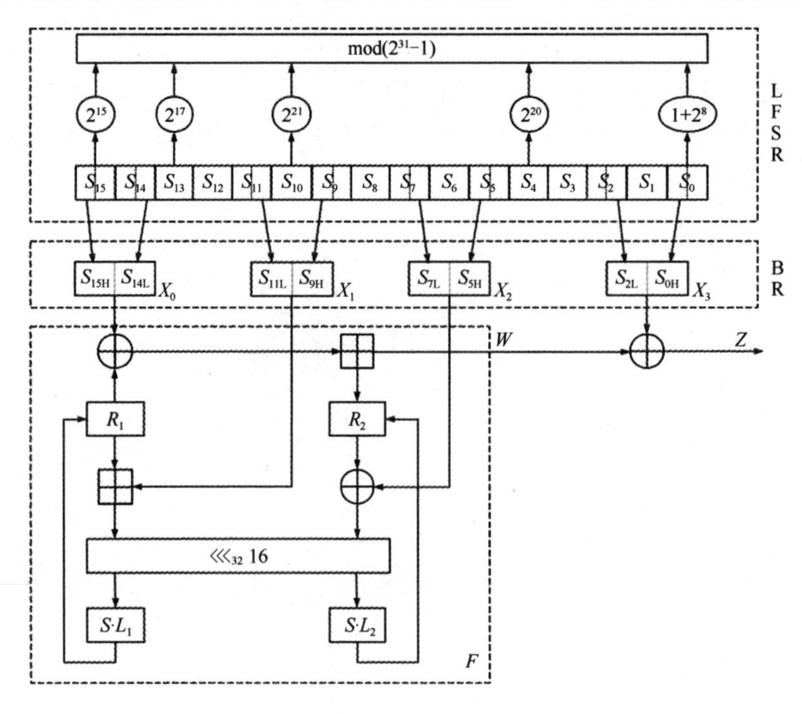

图 16-1 ZUC 算法整体结构

在 ZUC 算法的中间层，比特重组采用取半合并技术，实现 LFSR 数据单元到非线性函数和密钥输出的数据转换，其主要目的是破坏 LFSR 在素域 $GF(2^{31}-1)$ 上的线性结构。结合下层的非线性函数，比特重组可使得一些在素域 $GF(2^{31}-1)$ 上的攻击方法变得非常困难。

在 ZUC 算法的下层，非线性函数充分借鉴了分组密码的设计技巧，采用 32 比特 S 盒和高扩散特性的 32 比特线性变换，因此具有很高的抵抗区分分析、快速相关攻击和猜测确定攻击等方法的能力。

ZUC 算法的 32 比特 S 盒由 4 个小的 8×8 的 S 盒并置而成，即 $S=(S_0,S_1,S_2,S_3)$，其中 $S_0=S_2$，$S_1=S_3$。设 32 比特 S 盒的输入为 $X=x_0\|x_1\|x_2\|x_3$，输出为 $Y=y_0\|y_1\|y_2\|y_3$，则有 $y_i=S_i(x_i)$。S0 盒和 S1 盒如表 16-1 和表 16-2 所示。

表 16-1　S0 盒

	0	1	2	3	4	5	6	7	8	9	A	B	C	D	E	F
0	3E	72	5B	47	CA	E0	00	33	04	D1	54	98	09	B9	6D	CB
1	7B	1B	F9	32	AF	9D	6A	A5	B8	2D	FC	1D	08	53	03	90
2	4D	4E	84	99	E4	CE	D9	91	DD	B6	85	48	8B	29	6E	AC
3	CD	C1	F8	1E	73	43	69	C6	B5	BD	FD	39	63	20	D4	38
4	76	7D	B2	A7	CF	ED	57	C5	F3	2C	BB	14	21	06	55	9B
5	E3	EF	5E	31	4F	7F	5A	A4	0D	82	51	49	5F	BA	58	1C
6	4A	16	D5	17	A8	92	24	1F	8C	FF	D8	AE	2E	01	D3	AD
7	3B	4B	DA	46	EB	C9	DE	9A	8F	87	D7	3A	80	6F	2F	C8
8	B1	B4	37	F7	0A	22	13	28	7C	CC	3C	89	C7	C3	96	56
9	07	BF	7E	F0	0B	2B	97	52	35	41	79	61	A6	4C	10	FE
A	BC	26	95	88	8A	B0	A3	FB	C0	18	94	F2	E1	E5	E9	5D
B	D0	DC	11	66	64	5C	EC	59	42	75	12	F5	74	9C	AA	23
C	0E	86	AB	BE	2A	02	E7	67	E6	44	A2	6C	C2	93	9F	F1
D	F6	FA	36	D2	50	68	9E	62	71	15	3D	D6	40	C4	E2	0F
E	8E	83	77	6B	25	05	3F	0C	30	EA	70	B7	A1	E8	A9	65
F	8D	27	1A	DB	81	B3	A0	F4	45	7A	19	DF	EE	78	34	60

表 16-2　S1 盒

	0	1	2	3	4	5	6	7	8	9	A	B	C	D	E	F
0	55	C2	63	71	3B	C8	47	86	9F	3C	DA	5B	29	AA	FD	77
1	8C	C5	94	0C	A6	1A	13	00	E3	A8	16	72	40	F9	F8	42
2	44	26	68	96	81	D9	45	3E	10	76	C6	A7	8B	39	43	E1
3	3A	B5	56	2A	C0	6D	B3	05	22	66	BF	DC	0B	FA	62	48
4	DD	20	11	06	36	C9	C1	CF	F6	27	52	BB	69	F5	D4	87
5	7F	84	4C	D2	9C	57	A4	BC	4F	9A	DF	FE	D6	8D	7A	EB
6	2B	53	D8	5C	A1	14	17	FB	23	D5	7D	30	67	73	08	09
7	EE	B7	70	3F	61	B2	19	8E	4E	E5	4B	93	8F	5D	DB	A9
8	AD	F1	AE	2E	CB	0D	FC	F4	2D	46	6E	1D	97	E8	D1	E9

续表

	0	1	2	3	4	5	6	7	8	9	A	B	C	D	E	F
9	4D	37	A5	75	5E	83	9E	AB	82	9D	B9	1C	E0	CD	49	89
A	01	B6	BD	58	24	A2	5F	38	78	99	15	90	50	B8	95	E4
B	D0	91	C7	CE	ED	0F	B4	6F	A0	CC	F0	02	4A	79	C3	DE
C	A3	EF	EA	51	E6	6B	18	EC	1B	2C	80	F7	74	E7	FF	21
D	5A	6A	54	1E	41	31	92	35	C4	33	07	0A	BA	7E	0E	34
E	88	B1	98	7C	F3	3D	60	6C	7B	CA	D3	1F	32	65	04	28
F	64	BE	85	9B	2F	59	8A	D7	B0	25	AC	AF	12	03	E2	F2

16.2 算法伪代码

本节介绍上述算法的伪代码描述。伪代码清单如表 16-3 所示。

表 16-3 伪代码清单

算法序号	算　法	算法名
16.2.1.1	LFSR 初始化模式	LFSRWithInitializationMode
16.2.1.2	LFSR 工作模式	LFSRWithWorkMode
16.2.2.1	比特重组算法	BitReconstruction
16.2.3.1	非线性函数算法	F
16.2.4.1	密钥装入算法	zuc_key_load
16.2.5.1	生成密钥字算法	zuc_gen
16.2.5.2	初始化算法	zuc_init
16.2.5.3	工作算法	zuc_work

16.2.1 LFSR 算法伪代码

LFSR 包括 16 个 31 比特字的寄存器单元变量 s，并有两种运行模式：初始化模式 LFSRWithInitializationMode 和工作模式 LFSRWithWorkMode。初始化模式的输入为 16 个寄存器单元变量 s 和 1 个 31 比特字 u，输出为更新后的寄存器单元变量；工作模式的输入为 16 个寄存器单元变量 s，输出为更新后的寄存器单元变量。两种模式的伪代码如下：

算法 16.2.1.1 LFSRWithInitializationMode(s,u)

// 输入：16 个寄存器单元变量 s 和 1 个 31 比特字 u

// 输出：更新后的寄存器单元变量

$s_{15}, s_{13}, s_{10}, s_4, s_0 \leftarrow s[15], s[13], s[10], s[4], s[0]$

$v \leftarrow \left(2^{15} s_{15} + 2^{17} s_{13} + 2^{21} s_{10} + 2^{20} s_4 + \left(1+2^8\right) s_0\right) \bmod \left(2^{31}-1\right)$

$s[16] \leftarrow (v+u) \bmod \left(2^{31}-1\right)$

if $s[16]=0$ **then**

$s[16] \leftarrow 2^{31}-1$

return $s[1,2,\cdots,16]$

算法 16.2.1.2　LFSRWithWorkMode(s)

// 输入：16 个寄存器单元变量 s

// 输出：更新后的寄存器单元变量

$s_{15}, s_{13}, s_{10}, s_4, s_0 \leftarrow s[15], s[13], s[10], s[4], s[0]$

$s_{16} \leftarrow \left(2^{15} s_{15} + 2^{17} s_{13} + 2^{21} s_{10} + 2^{20} s_4 + \left(1+2^8\right) s_0\right) \bmod \left(2^{31}-1\right)$

$s[16] \leftarrow s_{16}$

if $s[16]=0$ **then**

$s[16] \leftarrow 2^{31}-1$

return $s[1,2,\cdots,16]$

16.2.2　比特重组算法伪代码

比特重组算法 BitReconstruction 的输入为 16 个寄存器单元变量 s，输出为 4 个 32 比特字 X_0, X_1, X_2, X_3。记 $s[i]_{\mathrm{H(L)}}$ 为 31 比特字 $s[i]$ 的高（低）16 比特，算法伪代码如下：

算法 16.2.2.1　BitReconstruction(s)

// 输入：16 个寄存器单元变量 s

// 输出：4 个 32 比特字 X_0, X_1, X_2, X_3

$X_0 \leftarrow s[15]_{\mathrm{H}} \| s[14]_{\mathrm{L}}$

$X_1 \leftarrow s[11]_{\mathrm{L}} \| s[9]_{\mathrm{H}}$

$X_2 \leftarrow s[7]_{\mathrm{L}} \| s[5]_{\mathrm{H}}$

$X_3 \leftarrow s[2]_{\mathrm{L}} \| s[0]_{\mathrm{H}}$

return X_0, X_1, X_2, X_3

16.2.3　非线性函数算法伪代码

非线性函数 F 包含 2 个 32 比特的记忆单元变量 R_1 和 R_2，算法的输入为记忆单元变量 $\mathrm{R1R2}=(R_1,R_2)$ 和 3 个 32 比特字 X_0、X_1、X_2，输出为更新后的记忆单元变量 (R_1,R_2) 和 1 个 32 比特字 W。记符号 $\boxplus$ 为模 2^{32} 加法运算，$W_{i\mathrm{H(L)}}$ 为 32 比特字 W_i 的高（低）16 比特，S 为 32 比特 S 盒变换，L_1 和 L_2 为 32 比特线性变换，则算法伪代码如下：

算法 16.2.3.1　$F(\mathrm{R1R2}, X_0, X_1, X_2)$

// 输入：记忆单元变量 $\mathrm{R1R2}=(R_1,R_2)$ 和 3 个 32 比特字 X_0、X_1、X_2

// 输出：更新后的记忆单元变量 (R_1,R_2) 和 1 个 32 比特字 W

$$W \leftarrow (X_0 \oplus R_1) \boxplus R_2$$
$$W_1 \leftarrow R_1 \boxplus X_1$$
$$W_2 \leftarrow R_2 \oplus X_2$$
$$R_1 \leftarrow S[L_1(W_{1L} \| W_{2H})]$$
$$R_2 \leftarrow S[L_2(W_{2L} \| W_{1H})]$$
$$\textbf{return}\ (R_1, R_2), W$$

其中，线性变换 L_1 和 L_2 的定义如下：

$$L_1(X) = X \oplus (X \lll_{32} 2) \oplus (X \lll_{32} 10) \oplus (X \lll_{32} 18) \oplus (X \lll_{32} 24)$$
$$L_2(X) = X \oplus (X \lll_{32} 8) \oplus (X \lll_{32} 14) \oplus (X \lll_{32} 22) \oplus (X \lll_{32} 30)$$

16.2.4 密钥装入算法伪代码

密钥装入算法 zuc_key_load 的输入为 128 比特初始密钥 k 和 128 比特初始向量 **iv**，输出为 16 个 31 比特字的 LFSR 寄存器单元变量 s，算法伪代码如下：

算法 16.2.4.1 zuc_key_load$(k, \mathbf{iv})$

// 输入：128 比特初始密钥 k 和 128 比特初始向量 **iv**
// 输出：16 个 31 比特字的 LFSR 寄存器单元变量 s
$s[0,1,\cdots,15] \leftarrow 0$
for $i \leftarrow 0$ **to** 15 **do**
  $s[i] \leftarrow k[i] \| d[i] \| \mathbf{iv}[i]$
return s

其中，d 为 16 个 16 比特字，$d[i]$ 的取值如下所示。

$d[0] = $0x44d7，$d[1] = $0x26bc，$d[2] = $0x626b，$d[3] = $0x135e
$d[4] = $0x5789，$d[5] = $0x35e2，$d[6] = $0x7135，$d[7] = $0x09af
$d[8] = $0x4d78，$d[9] = $0x2f13，$d[10] = $0x6bc4，$d[11] = $0x1af1
$d[12] = $0x5e26，$d[13] = $0x3c4d，$d[14] = $0x789a，$d[15] = $0x47ac

16.2.5 生成密钥字算法伪代码

生成密钥字算法 zuc_gen 的输入为初始密钥 k、初始向量 **iv** 和正整数 L，输出为 L 个密钥字 Z。算法分为初始化算法 zuc_init 和工作算法 zuc_work，算法伪代码如下：

算法 16.2.5.1 zuc_gen$(k, \mathbf{iv})$

// 输入：初始密钥 k、初始向量 **iv** 和正整数 L
// 输出：L 个密钥字 Z
s, R1R2 $\leftarrow$ zuc_init$(k, \mathbf{iv})$

$s, \mathrm{R1R2}, Z \leftarrow \mathrm{zuc\_work}(s, \mathrm{R1R2}, L)$

return Z

初始化算法 zuc_init 的输入为初始密钥 k、初始向量 **iv**，输出为 16 个 31 比特字的 LFSR 寄存器单元变量 s 和记忆单元变量 $\mathrm{R1R2} = (R_1, R_2)$，算法伪代码如下：

算法 16.2.5.2 zuc_init(k,iv)

// 输入：初始密钥 k、初始向量 **iv**

// 输出：16 个 31 比特字的 LFSR 寄存器单元变量 s

记忆单元变量 $\mathrm{R1R2} = (R_1, R_2)$

$s \leftarrow \mathrm{zuc\_key\_load}(k, \mathbf{iv})$

$\mathrm{R1R2} \leftarrow (0,0)$

for $i \leftarrow 0$ **to** 31 **do**

$X_0, X_1, X_2, X_3 \leftarrow \mathrm{BitReconstruction}(s)$

$\mathrm{R1R2}, W \leftarrow F(\mathrm{R1R2}, X_0, X_1, X_2)$

$s \leftarrow \mathrm{LFSRWithInitializationMode}(s, W \gg 1)$

return $s, \mathrm{R1R2}$

工作算法 zuc_work 的输入为 LFSR 寄存器单元变量 s、记忆单元变量 R1R2、正整数 L，输出为更新后的 s、R1R2 和 L 个密钥字 Z，算法伪代码如下：

算法 16.2.5.3 zuc_work(s,R1R2,L)

// 输入：LFSR 寄存器单元变量 s、记忆单元变量 R1R2、正整数 L

// 输出：更新后的 s、R1R2 和 L 个密钥字 Z

$X_0, X_1, X_2, X_3 \leftarrow \mathrm{BitReconstruction}(s)$

$\mathrm{R1R2}, W \leftarrow F(\mathrm{R1R2}, X_0, X_1, X_2)$

$s \leftarrow \mathrm{LFSRWithWorkMode}(s)$

$Z[0,1,\cdots,L-1] \leftarrow 0$

for $i \leftarrow 0$ **to** $L-1$ **do**

$X_0, X_1, X_2, X_3 \leftarrow \mathrm{BitReconstruction}(s)$

$\mathrm{R1R2}, W \leftarrow F(\mathrm{R1R2}, X_0, X_1, X_2)$

$Z[i] \leftarrow W \oplus X_3$

$s \leftarrow \mathrm{LFSRWithWorkMode}(s)$

return $s, \mathrm{R1R2}, Z$

16.3 算法实现与测试

针对 ZUC 算法，本节给出使用 Python（版本大于 3.9）实现的源代码及相应的测试数据。源代码清单如表 16-4 所示。

表 16-4　源代码清单

文 件 名	包 含 算 法
zuc.py	ZUC 算法

表 16-5 给出了 ZUC 算法的 3 组测试样例，生成两个密钥字 Z_1 和 Z_2，具体数据如下。

表 16-5　测试样例

测试样例 1	k	0x00 00 00 00 00 00 00 00 00 00 00 00 00 00 00 00	Z_1：0x27bede74
	IV	0x00 00 00 00 00 00 00 00 00 00 00 00 00 00 00 00	Z_2：0x018082da
测试样例 2	k	0xff ff ff ff ff ff ff ff ff ff ff ff ff ff ff ff	Z_1：0x0657cfa0
	IV	0xff ff ff ff ff ff ff ff ff ff ff ff ff ff ff ff	Z_2：0x7096398b
测试样例 3	k	0x3d 4c 4b e9 6a 82 fd ae b5 8f 64 1d b1 7b 45 5b	Z_1：0x14f1c272
	IV	0x84 31 9a a8 de 69 15 ca 1f 6b da 6b fb d8 c7 66	Z_2：0x3279c419

16.4　思考题

ZUC 算法在 LFSR 的两种运行模式中，存在大量与 2 的次幂相关的模乘操作，请思考如何通过位运算提高运算速度。

第 17 章　SM4 算法快速软件实现

SM4 算法于 2012 年被国家密码管理局确定为国家密码行业标准，最初主要用于 WAPI（WLAN Authentication and Privacy Infrastructure）无线网络中。SM4 算法的出现为我国商用产品上的密码算法由国际标准替换为国家标准提供了强有力的支撑。类似于 DES、AES 算法，SM4 算法是一种分组密码算法。

17.1　SM4 算法的 S 盒复合域优化

SM4 算法的 S 盒基于有限域 $GF(2^8)$ 上的运算构建，S 盒的代数表达式为

$$S(x)=\boldsymbol{A}\cdot I(\boldsymbol{A}\cdot x+\boldsymbol{C})+\boldsymbol{C}$$

式中，$\boldsymbol{A}$ 是 8×8 矩阵；$\boldsymbol{C}$ 是 1×8 列向量；I 是 $GF(2^8)$ 上的求逆函数，对应的有限域不可约多项式为 $p(x)=x^8+x^7+x^6+x^5+x^4+x^2+1$。因此可利用 S 盒的代数表达式计算出一个元素对应的替代元素。对于 $GF(2^8)$ 上的求逆函数计算复杂度高、运算速度慢的问题，利用复合域表示可大大减小求逆的复杂度，采用同构映射矩阵 $\boldsymbol{T}$ 将 $GF(2^8)$ 映射至复合域，在复合域中计算求逆函数，再通过逆映射矩阵 $\boldsymbol{T}^{-1}$ 映射回 $GF(2^8)$。

本节采用 $GF((2^4)^2)$ 复合域计算求逆函数，复合域的构建依赖于两个多项式 $Q(x)$ 和 $P(x)$，其中 $Q(x)$ 是一个四次不可约多项式，$P(x)$ 是一个二次不可约多项式。$Q(x)$ 定义了有限域 $GF(2^4)$ 上元素的四则运算，$P(x)$ 定义了复合域 $GF((2^4)^2)$ 上元素的四则运算。此处选取 $Q(y)=y^4+y^3+1$，$P(x)=x^2+x+4$。采用复合域优化后的 S 盒代数表达式为

$$S(x)=\boldsymbol{A}\boldsymbol{T}^{-1}\cdot I'(\boldsymbol{T}(\boldsymbol{A}\cdot x+\boldsymbol{C}))+\boldsymbol{C}=\boldsymbol{A}\boldsymbol{T}^{-1}\cdot I'(\boldsymbol{T}\boldsymbol{A}\cdot x+\boldsymbol{T}\boldsymbol{C})+\boldsymbol{C}$$

式中，I' 是 $GF((2^4)^2)$ 复合域上的求逆函数；映射矩阵 $\boldsymbol{T}$ 可以有多种不同取值，记 $\boldsymbol{A}_1=\boldsymbol{T}\boldsymbol{A}$、$\boldsymbol{A}_2=\boldsymbol{A}\boldsymbol{T}^{-1}$、$\boldsymbol{C}_1=\boldsymbol{T}\boldsymbol{C}$、$\boldsymbol{C}_2=\boldsymbol{C}$，那么 S 盒可表示成 $S(x)=\boldsymbol{A}_2\cdot I'(\boldsymbol{A}_1\cdot x+\boldsymbol{C}_1)+\boldsymbol{C}_2$。下面给出参数 $\boldsymbol{A}_1$、$\boldsymbol{A}_2$、$\boldsymbol{C}_1$、$\boldsymbol{C}_2$ 的一组取值：

$$\boldsymbol{A}_1=\begin{bmatrix}1,1,0,0,0,1,0,0\\1,1,1,1,1,0,1,1\\0,1,0,0,0,0,0,0\\0,0,1,0,1,0,0,0\\0,0,0,1,0,0,1,0\\0,1,0,0,0,1,1,1\\0,0,1,1,0,0,1,0\\0,0,0,1,0,1,1,0\end{bmatrix},\quad \boldsymbol{A}_2=\begin{bmatrix}1,0,1,1,1,0,0,1\\1,1,0,1,1,1,0,1\\1,1,1,0,1,1,0,0\\0,0,1,0,1,1,0,0\\0,1,0,0,1,1,1,1\\1,1,1,1,1,0,0,0\\0,1,0,1,1,1,1,1\\0,0,0,0,0,1,0,1\end{bmatrix},\quad \boldsymbol{C}_1=\begin{bmatrix}0\\0\\1\\1\\1\\1\\0\\0\end{bmatrix},\quad \boldsymbol{C}_2=\begin{bmatrix}1\\1\\0\\1\\0\\0\\1\\1\end{bmatrix}$$

对于 $GF\left((2^4)^2\right)$ 复合域上的求逆运算，本节省略推导过程，直接给出对应的具体逻辑函数表达式。复合域求逆表达式如下所示，输入 $GF\left((2^4)^2\right)$ 有限域元素 a_0x+a_1，输出其逆元 b_0x+b_1。

$$\begin{cases} b_0 = \Delta^{-1}\cdot a_0 \\ b_1 = \Delta^{-1}\cdot\left(a_0+a_1\right) \\ \Delta = a_0\cdot a_1+\left(2\cdot a_0+a_1\right)^2 \end{cases}$$

上述复合域求逆表达式包含子域 GF(2^4)上的加法、乘法、平方、求逆运算。

GF(2^4)上的加法运算输入 GF(2^4)有限域元素 $a_0x^3+a_1x^2+a_2x+a_3$ 和 $b_0x^3+b_1x^2+b_2x+b_3$，输出加法结果 $c_0x^3+c_1x^2+c_2x+c_3$，其中 $c_i=a_i\oplus b_i$。

GF(2^4)上的乘法运算输入 GF(2^4)有限域元素 $a_0x^3+a_1x^2+a_2x+a_3$ 和 $b_0x^3+b_1x^2+b_2x+b_3$，输出乘法结果 $c_0x^3+c_1x^2+c_2x+c_3$。其中，$t_1=a_1\oplus a_0$，$t_2=a_2\oplus t_1$，$t_3=a_3\oplus t_2$。

$$\begin{cases} c_0=\left(a_0\wedge b_3\right)\oplus\left(t_1\wedge b_2\right)\oplus\left(t_2\wedge b_1\right)\oplus\left(t_3\wedge b_0\right) \\ c_1=\left(a_1\wedge b_3\right)\oplus\left(a_2\wedge b_2\right)\oplus\left(a_3\wedge b_1\right)\oplus\left(a_0\wedge b_0\right) \\ c_2=\left(a_2\wedge b_3\right)\oplus\left(a_3\wedge b_2\right)\oplus\left(a_0\wedge b_1\right)\oplus\left(t_1\wedge b_0\right) \\ c_3=\left(a_3\wedge b_3\right)\oplus\left(a_0\wedge b_2\right)\oplus\left(t_1\wedge b_1\right)\oplus\left(t_2\wedge b_0\right) \end{cases}$$

GF(2^4)上的平方运算输入 GF(2^4)有限域元素 $a_0x^3+a_1x^2+a_2x+a_3$，输出平方结果 $c_0x^3+c_1x^2+c_2x+c_3$。

$$\begin{cases} c_0=a_0\oplus a_1 \\ c_1=a_0\oplus a_2 \\ c_2=a_0 \\ c_3=a_0\oplus a_1\oplus a_3 \end{cases}$$

GF(2^4)上的求逆运算输入 GF(2^4)有限域元素 $a_0x^3+a_1x^2+a_2x+a_3$，输出求逆结果 $c_0x^3+c_1x^2+c_2x+c_3$。其中，$t_1=\overline{a_0}\wedge a_1$，$t_2=a_0\wedge\overline{a_1}$，$t_3=\overline{a_2}\wedge a_3$，$\overline{a}$ 代表对 a 取反。

$$\begin{cases} c_0=\left(\overline{a_1}\wedge a_2\right)\vee\left(t_1\wedge a_3\right)\vee\left(a_0\wedge t_3\right) \\ c_1=\left(\overline{a_0}\wedge a_2\wedge\overline{a_3}\right)\vee t_1\vee\left(a_1\wedge a_2\right)\vee\left(t_2\wedge t_3\right) \\ c_2=\left(t_1\wedge\overline{a_2}\right)\vee\left(t_1\wedge a_3\right)\vee\left(a_0\wedge\overline{a_3}\right)\vee\left(t_2\wedge a_2\right) \\ c_3=t_3\vee\left(t_2\wedge\overline{a_3}\right)\vee\left(a_0\wedge a_1\wedge a_2\right) \end{cases}$$

17.2 算法伪代码

本节介绍采用复合域计算 S 盒结果的伪代码描述，SM4 算法其他部分的伪代码详见第 14 章，本节算法伪代码清单如表 17-1 所示。

表 17-1　算法伪代码清单

算法序号	算　法	算法名
17.2.1.1	SM4 算法的 S 盒函数	sm4_sbox
17.2.2.1	GF((2⁴)²)复合域求逆算法	inv_gf242
17.2.2.2	GF(2⁴)有限域加法算法	add_gf24
17.2.2.3	GF(2⁴)有限域乘法算法	mul_gf24
17.2.2.4	GF(2⁴)有限域平方算法	sqr_gf24
17.2.2.5	GF(2⁴)有限域求逆算法	inv_gf24

17.2.1　SM4 算法的 S 盒函数伪代码

采用复合域计算的 S 盒函数的输入和输出都是 8 比特的数据，其中参数 $\boldsymbol{A}_1$、$\boldsymbol{A}_2$、$\boldsymbol{C}_1$、$\boldsymbol{C}_2$ 的具体取值见 17.1 节。算法伪代码如下：

算法 17.2.1.1　sm4_sbox$(\boldsymbol{x})$

// 输入：8 比特数据 x

// 输出：8 比特数据 y

$t \leftarrow \boldsymbol{A}_1 \cdot x + \boldsymbol{C}_1$

$\mathrm{inv\_x} \leftarrow \mathrm{inv\_gf242}(t)$

$y \leftarrow \boldsymbol{A}_2 \cdot t + \boldsymbol{C}_2$

return　y

17.2.2　GF((2)⁴)² 复合域求逆算法伪代码

$\mathrm{GF}\left((2^4)^2\right)$ 复合域求逆算法 $\mathrm{inv\_gf242}$ 的输入为 8 比特的复合域元素 $a=(a_0,a_1,\cdots,a_7)$，输出为 a 的逆元 $c=(c_0,c_1,\cdots,c_7)$。算法伪代码如下：

算法 17.2.2.1　inv_gf242$(\boldsymbol{a})$

// 输入：8 比特的复合域元素 $a=(a_0,a_1,\cdots,a_7)$

// 输出：a 的逆元 $c=(c_0,c_1,\cdots,c_7)$

$a_{\mathrm{H}} \leftarrow (a_0,a_1,a_2,a_3)$

$a_{\mathrm{L}} \leftarrow (a_4,a_5,a_6,a_7)$

采用 17.1 节中的复合域求逆表达式计算 $a_{\mathrm{H}}x+a_{\mathrm{L}}$ 的逆元 c

return　c

复合域求逆表达式中包括 $\mathrm{GF}(2^4)$ 有限域加法 $\mathrm{add\_gf24}$、$\mathrm{GF}(2^4)$ 有限域乘法 $\mathrm{mul\_gf24}$、$\mathrm{GF}(2^4)$ 有限域平方 $\mathrm{sqr\_gf24}$、$\mathrm{GF}(2^4)$ 有限域求逆 $\mathrm{inv\_gf24}$。算法伪代码如下：

算法 17.2.2.2　add _ gf24(a,b)

// 输入：GF$\left(2^4\right)$有限域元素 $a=\left(a_0,a_1,a_2,a_3\right)$

GF$\left(2^4\right)$有限域元素 $b=\left(b_0,b_1,b_2,b_3\right)$

// 输出：加法结果

return　$\left(a_0 \oplus b_0, a_1 \oplus b_1, a_2 \oplus b_2, a_3 \oplus b_3\right)$

算法 17.2.2.3　mul _ gf24(a,b)

// 输入：GF$\left(2^4\right)$有限域元素 $a=\left(a_0,a_1,a_2,a_3\right)$

GF$\left(2^4\right)$有限域元素 $b=\left(b_0,b_1,b_2,b_3\right)$

// 输出：乘法结果

采用 17.1 节中的 GF$\left(2^4\right)$乘法表达式

计算 $a_0x^3+a_1x^2+a_2x+a_3$ 和 $b_0x^3+b_1x^2+b_2x+b_3$ 的乘积 c

return　c

算法 17.2.2.4　sqr _ gf24(a)

// 输入：GF$\left(2^4\right)$有限域元素 $a=\left(a_0,a_1,a_2,a_3\right)$

// 输出：平方结果

采用 17.1 节中的 GF$\left(2^4\right)$平方表达式

计算 $a_0x^3+a_1x^2+a_2x+a_3$ 的平方值 c

return　c

算法 17.2.2.5　inv _ gf24(a)

// 输入：GF$\left(2^4\right)$有限域元素 $a=\left(a_0,a_1,a_2,a_3\right)$

// 输出：求逆结果

采用 17.1 节中的 GF$\left(2^4\right)$求逆表达式

计算 $a_0x^3+a_1x^2+a_2x+a_3$ 的逆元 c

return　c

17.3　算法实现与测试

针对 SM4 算法的 S 盒复合域优化，本节给出使用 Python（版本大于 3.9）实现的源代码及相应的测试数据。源代码清单如表 17-2 所示。

表 17-2　源代码清单

文 件 名	包 含 算 法
sm4_fast.py	SM4 算法的 S 盒复合域优化

表 17-3 给出 $GF\left((2^4)^2\right)$ 复合域求逆测试数据，符合域元素 $a = a_0x + a_1$，其中行代表 a_0，列代表 a_1，单元格数值代表逆元。对于 S 盒结果的正确性，可比对表 14-1 中的 S 盒结构。

表 17-3　GF((2⁴)²)复合域求逆测试数据

	0	1	2	3	4	5	6	7	8	9	a	b	c	d	e	f
0	00	01	0c	08	06	0f	04	0e	03	0d	0b	0a	02	09	07	05
1	66	60	cd	c1	db	d6	52	57	87	8f	fd	f2	78	7f	38	3b
2	33	f4	30	fb	6a	d4	6c	d9	a9	4f	a3	4b	e1	ba	ef	b1
3	22	fa	f5	20	59	48	4c	5c	1e	3a	39	1f	ce	Af	a5	c2
4	dd	7c	b2	95	d0	7b	b9	9c	35	58	a2	2b	36	5d	a8	29
5	99	8d	16	56	85	90	53	17	49	34	b4	63	37	4d	65	bf
6	11	67	b5	5b	be	5e	10	61	e8	c7	24	d5	26	d8	e6	cb
7	ff	bd	9f	c5	c9	96	b6	f0	1c	7e	d1	45	41	dc	79	1d
8	aa	d3	f6	ea	91	54	8e	18	a0	de	f9	e4	98	51	86	19
9	55	84	ad	ec	b3	43	75	c8	8c	50	e2	a7	47	b8	c4	72
a	88	df	4a	2a	c3	3e	e3	9b	4e	28	80	d2	ed	92	cf	3d
b	ee	2f	42	94	5a	62	76	f1	9d	46	2d	e0	fe	71	64	5f
c	cc	13	3f	a4	9e	73	e9	69	97	74	e7	6f	c0	12	3c	ae
d	44	7a	ab	81	25	6b	15	da	6d	27	d7	14	7d	40	89	a1
e	bb	2c	9a	a6	8b	f8	6e	ca	68	c6	83	f7	93	Ac	b0	2e
f	77	b7	1b	fc	21	32	82	eb	e5	8a	31	23	f3	1a	bc	70

17.4　思考题

本章在实现 S 盒运算时，将 $GF\left(2^8\right)$ 上的有限域运算映射到复合域 $GF\left(\left(2^4\right)^2\right)$ 上来简化表达式。同理，可进一步将 $GF\left(2^4\right)$ 上的有限域运算映射到 $GF\left(\left(2^2\right)^2\right)$ 上进行，即将 $GF\left(2^8\right)$ 上的有限域运算映射到域 $GF\left(\left(\left(2^2\right)^2\right)^2\right)$ 上，称域 $GF\left(\left(\left(2^2\right)^2\right)^2\right)$ 为塔域。试利用塔域技术优化 S 盒，并给出对应的逻辑函数表达式与代码实现。

第 18 章　分组密码算法的工作模式

18.1　算法原理

分组密码算法的工作模式主要包括电码本（Electronic Codebook，ECB）工作模式、密文分组链接（Cipher Block Chaining，CBC）工作模式、密文反馈（Cipher Feedback，CFB）工作模式、输出反馈（Output Feedback，OFB）工作模式、计数器（Counter，CTR）工作模式等。

18.1.1　ECB 工作模式

ECB 工作模式是最简单的工作模式，几乎不需要任何处理。图 18-1 所示为 ECB 工作模式加密过程，其首先将明文填充至分组密码加密算法输入长度的整数倍，然后直接将明文分组作为分组密码加密算法的输入，对应的输出作为密文分组。

图 18-2 所示为 ECB 工作模式解密过程，其将各个密文分组经过分组密码解密算法得到对应的明文分组，对明文分组拼接后进行去填充操作得到初始明文。

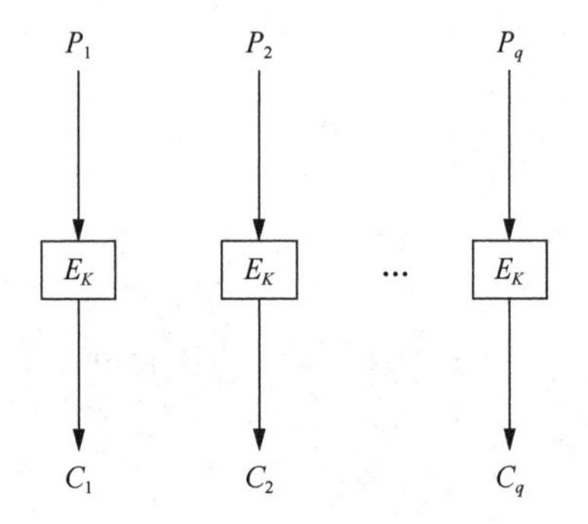

图 18-1　ECB 工作模式加密过程

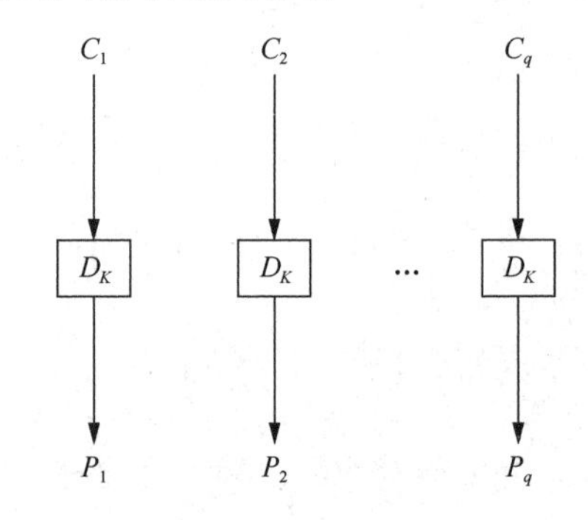

图 18-2　ECB 工作模式解密过程

18.1.2　CBC 工作模式

图 18-3 所示为 CBC 工作模式加密过程，其首先将明文填充至分组密码加密算法输入长度的整数倍，然后将初始向量视为第 0 个密文分组，将每个明文分组与前一个密文分组进行异或运算再进行加密，得到当前的密文分组。

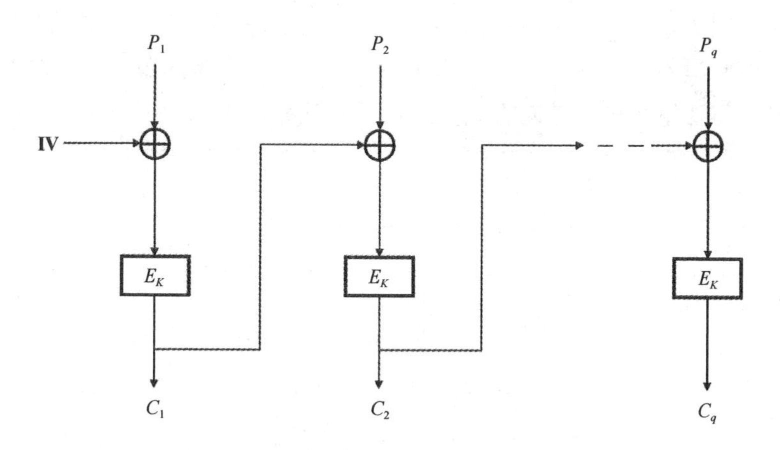

图 18-3 CBC 工作模式加密过程

图 18-4 所示为 CBC 工作模式解密过程，其首先将初始向量视为第 0 个密文分组，将每个密文分组进行解密，然后将解密结果与前一个密文分组进行异或运算，得到对应的明文分组，最后将明文分组拼接后进行去填充操作得到初始明文。

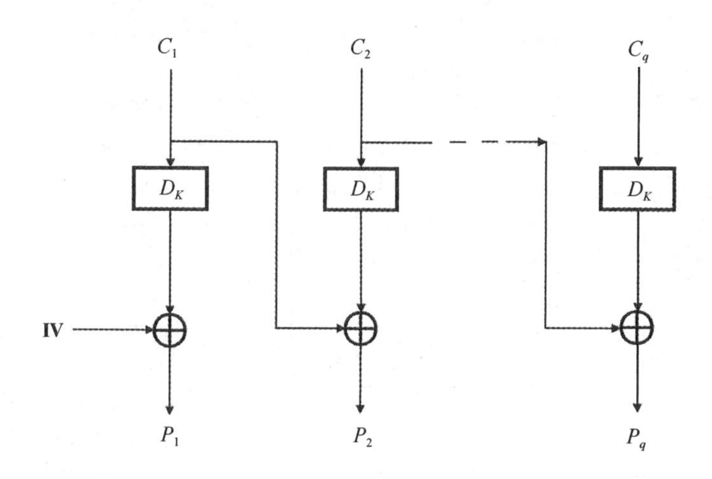

图 18-4 CBC 工作模式解密过程

18.1.3 CFB 工作模式

CFB 工作模式不同于 ECB 工作模式和 CBC 工作模式，其不需要对明文进行填充，因为它并不直接将明文分组输入分组密码加密算法，而是将分组密码加密算法当前输出的若干比特与明文分组逐比特异或得到密文，该密文同时作为下一个分组密码加密算法的输入。

图 18-5 所示为 CFB 工作模式加密过程，其中初始向量（**IV**）为 r 比特，令其为反馈缓存（FB）的初始值。每个明文分组为 j 比特，在每个明文分组的加密中，首先取出反馈缓存左边 n 比特作为分组密码加密算法的输入，将算法输出中的左边 j 比特与明文分组逐比特异或得到对应的密文分组。然后在该密文分组的左边填充长度为 $(k-j)$ 比特的全 1 串，

最后将得到的长度为 k 比特的反馈向量拼接到反馈缓存的右边，截取反馈缓存的右边 r 比特得到新的反馈缓存进入下一个明文分组的运算。当最后一个明文分组不足 j 比特时，将其与分组密码加密算法输出的左边对应长度逐比特异或即可。

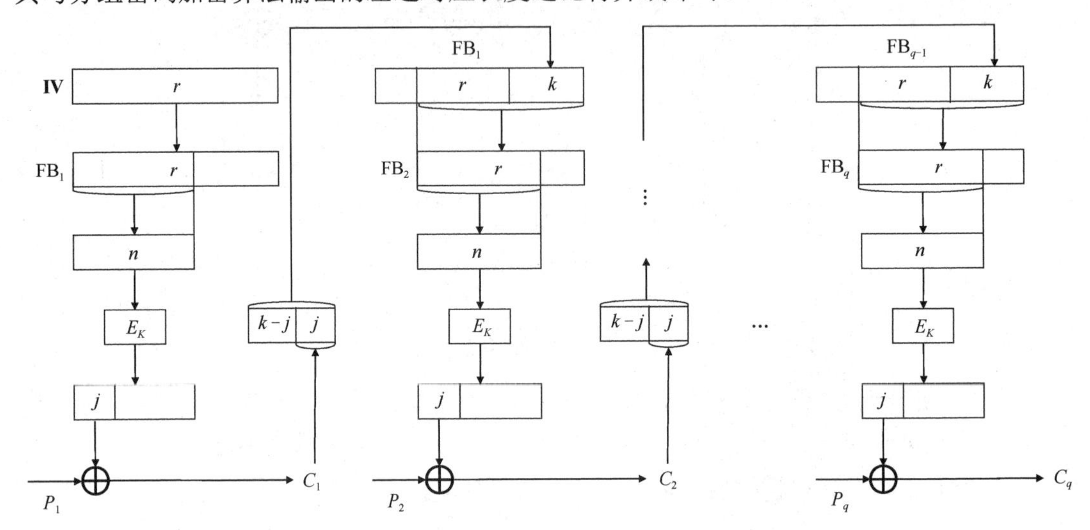

图 18-5　CFB 工作模式加密过程

图 18-6 所示为 CFB 工作模式解密过程。与加密过程类似，在使用分组密码加密算法得到输出之后，将其左边 j 比特与密文分组进行异或即可得到对应的明文分组，再按照加密过程中的描述更新反馈缓存即可。建议使用 j 和 k 的值相等的 CFB 工作模式。

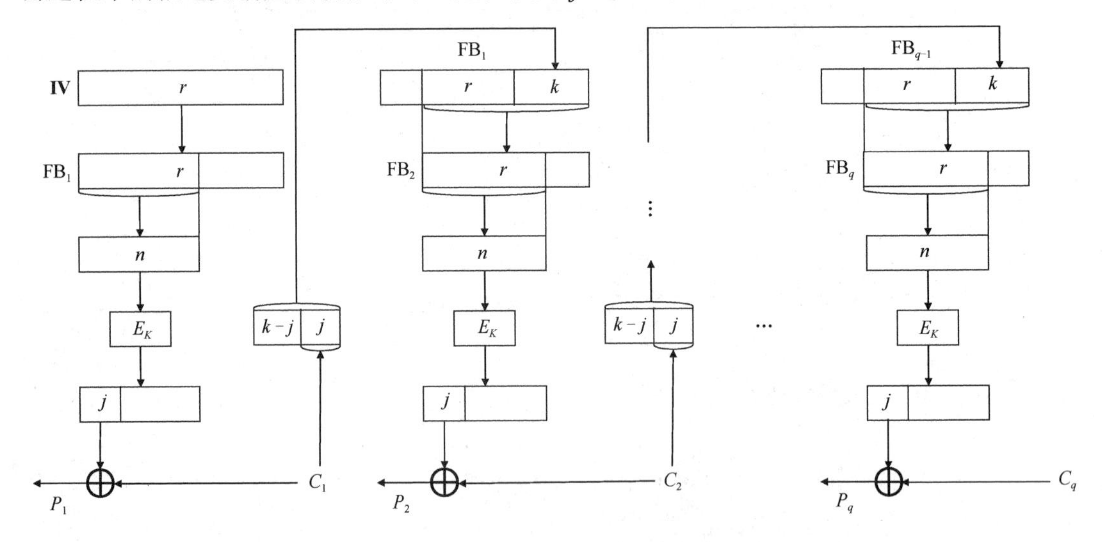

图 18-6　CFB 工作模式解密过程

18.1.4　OFB 工作模式

OFB 工作模式类似于 CFB 工作模式，无须对明文进行填充，使用分组密码加密算法当前输出的若干比特与明文逐比特异或得到密文，并且直接使用分组密码加密算法的输出作为下一个分组密码加密算法的输入。

图 18-7 所示为 OFB 工作模式加密过程。将长度为 n 比特的初始向量作为第一个分组密码加密算法的输入，将分组密码加密算法输出中左边 j 比特与 j 比特明文分组逐比特异或得到对应的密文分组，同时将分组密码加密算法的 n 比特输出作为下一个分组密码加密算法的输入。与 CFB 工作模式相同，当最后一个明文分组不足 j 比特时，将其与分组密码加密算法输出的左边对应长度逐比特异或即可。

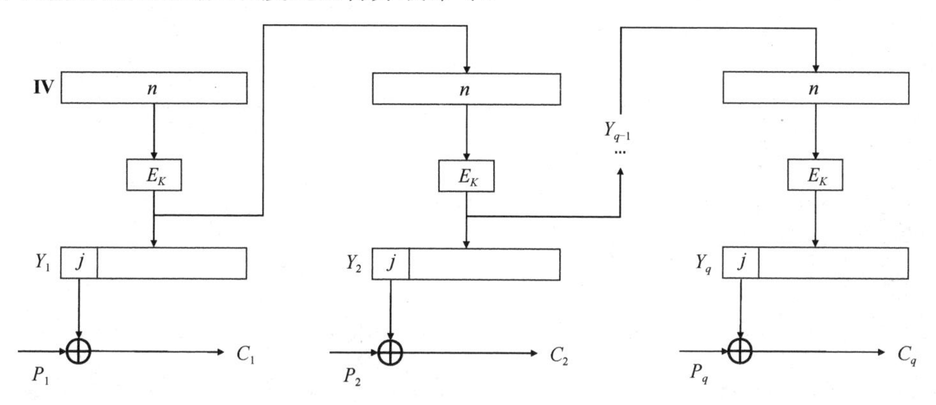

图 18-7　OFB 工作模式加密过程

图 18-8 所示为 OFB 工作模式解密过程。其上半部分与加密过程完全相同，只需将密文分组与分组密码加密算法输出逐比特异或，即可得到对应的明文分组。

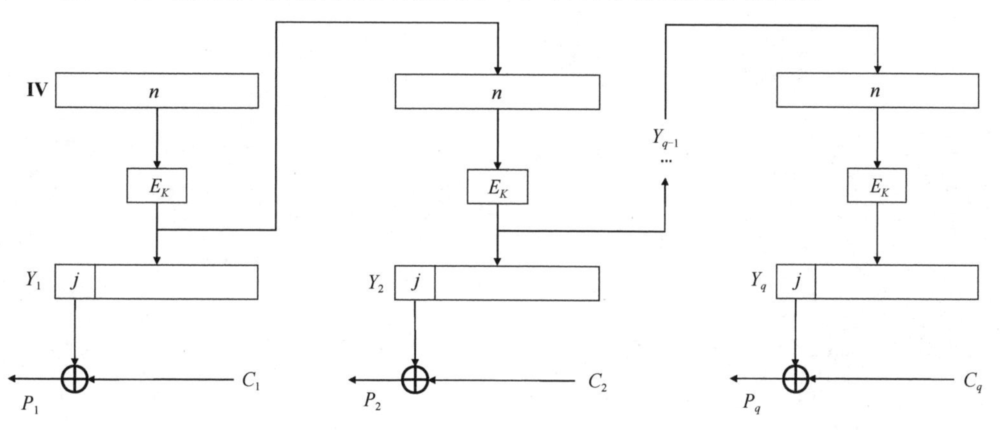

图 18-8　OFB 工作模式解密过程

18.1.5　CTR 工作模式

CTR 工作模式使用计数器的值作为分组密码加密算法的输入，首先将其输出与明文分组逐比特异或得到对应的密文分组，然后对计数器的值做增量或减量作为下一个分组密码加密算法的输入。

图 18-9 所示为 CTR 工作模式加密过程。首先将计数器的值 T_i 作为分组密码加密算法的输入，然后将其输出与明文分组逐比特异或得到对应的密文分组，最后将 T_i 加 1 或减 1

作为 T_{i+1}。

CTR 工作模式无须对明文分组进行填充，当最后一个明文分组的长度只有 d 比特时，将其与分组密码加密算法输出中的左边 d 比特逐比特异或即可。

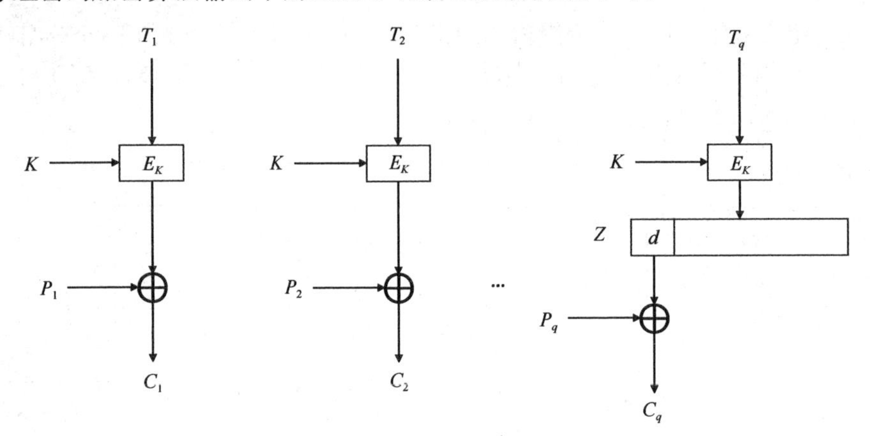

图 18-9　CTR 工作模式加密过程

图 18-10 所示为 CTR 工作模式解密过程，其与加密过程类似，只需将密文分组与分组密码加密算法的输出逐比特异或，即可得到对应的明文分组。

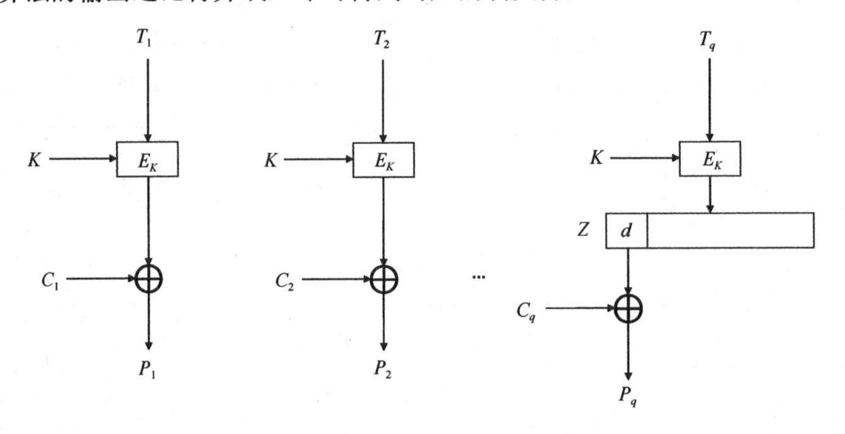

图 18-10　CTR 工作模式解密过程

18.2 算法伪代码

本节介绍上述算法的伪代码描述，其中分组密码算法的安全参数为 128 比特。伪代码清单如表 18-1 所示。

表 18-1　伪代码清单

算法序号	算　法	算 法 名
18.2.1.1	ECB 加密算法	ecb_encrypt
18.2.1.2	ECB 解密算法	ecb_decrypt

续表

算法序号	算　法	算法名
18.2.2.1	CBC 加密算法	cbc_encrypt
18.2.2.2	CBC 解密算法	cbc_decrypt
18.2.3.1	CFB 加密算法	cfb_encrypt
18.2.3.2	CFB 解密算法	cfb_decrypt
18.2.4.1	OFB 加密算法	ofb_encrypt
18.2.4.2	OFB 解密算法	ofb_decrypt
18.2.5.1	CTR 加密算法	ctr_encrypt
18.2.5.2	CTR 解密算法	ctr_decrypt

18.2.1　ECB 工作模式算法伪代码

ECB 加密算法的输入为十六进制明文 plaintext 、密钥 key 和使用的分组密码加密算法 enc_algo，输出为十六进制密文 ciphertext 。ECB 加密算法使用 PKCS7 填充算法进行填充。伪代码如下：

算法 18.2.1.1　ecb_encrypt(plaintext,key,enc_algo)

```
// 输入：明文 plaintext 、密钥 key 、分组密码加密算法 enc_algo
// 输出：密文 ciphertext
ciphertext ← ε
plaintext ← PKCS7_padding(plaintext)
将明文分为 group_num 组，第 i 组记为 plaintext[i]
for i ← 0 to group_num − 1 do
    ciphertext_ ← enc_algo(plaintext[i], key)
    ciphertext ← ciphertext || ciphertext_
return ciphertext
```

ECB 解密算法的输入为十六进制密文 ciphertext 、密钥 key 和使用的分组密码解密算法 dec_algo，输出为十六进制明文 plaintext 。伪代码如下：

算法 18.2.1.2　ecb_decrypt(ciphertext,key,dec_algo)

```
// 输入：密文 ciphertext 、密钥 key 、分组密码解密算法 dec_algo
// 输出：明文 plaintext
plaintext ← ε
将密文分为 group_num 组，第 i 组记为 ciphertext[i]
for i ← 0 to group_num − 1 do
    plaintext_ ← dec_algo(ciphertext[i], key)
    plaintext ← plaintext || plaintext_
plaintext ← PKCS7_unpadding(plaintext)
return plaintext
```

18.2.2 CBC 工作模式算法伪代码

CBC 加密算法的输入为十六进制明文 plaintext 、初始向量 **iv**、密钥 key 和使用的分组密码加密算法 enc_algo，输出为十六进制密文 ciphertext 。CBC 加密算法使用 PKCS7 填充算法进行填充。伪代码如下：

算法 18.2.2.1 cbc_encrypt(plaintext,iv,key,enc_algo)

```
// 输入：明文 plaintext 、初始向量 iv、密钥 key
        分组密码加密算法 enc_algo
// 输出：密文 ciphertext
ciphertext ← ε
plaintext ← PKCS7_padding(plaintext)
将明文分为 group_num 组，第 i 组记为 plaintext[i]
tmp ← iv
for  i ← 0  to  group_num − 1  do
    tmp ← enc_algo(plaintext[i] ⊕ tmp, key)
    ciphertext ← ciphertext || tmp
return  ciphertext
```

CBC 解密算法的输入为十六进制密文 ciphertext 、初始向量 **iv**、密钥 key 和使用的分组密码解密算法 dec_algo，输出为十六进制明文 plaintext 。伪代码如下：

算法 18.2.2.2 cbc_decrypt(ciphertext,iv,key,dec_algo)

```
// 输入：密文 ciphertext 、初始向量 iv、密钥 key
        分组密码解密算法 dec_algo
// 输出：明文 plaintext
plaintext ← ε
将密文分为 group_num 组，第 i 组记为 ciphertext[i]
tmp ← iv
for  i ← 0  to  group_num − 1  do
    plaintext_ ← dec_algo(ciphertext[i], key)
    plaintext ← plaintext || (plaintext_ ⊕ tmp)
    tmp ← ciphertext[i]
plaintext ← PKCS7_unpadding(plaintext)
return  plaintext
```

18.2.3 CFB 工作模式算法伪代码

CFB 加密算法的输入为十六进制明文 plaintext、初始向量 **iv**、密钥 key、使用的分组密码加密算法 enc_algo 和 CFB 工作模式的参数 para，其中 para 包括分组密码加密算法输入比特长度 n、明文分组比特长度 j、反馈向量比特长度 k，输出为十六进制密文 ciphertext。伪代码如下：

算法 18.2.3.1 cfb_encrypt(plaintext,iv,key,enc_algo,para)

```
// 输入：明文 plaintext、初始向量 iv、密钥 key
        分组密码加密算法 enc_algo、参数 para = (n, j, k)
// 输出：密文 ciphertext
r ← iv 的比特长度
n, j, k ← para
ciphertext ← ε
length ← plaintext 比特长度
fb ← iv[0,1,⋯,n−1]
将 plaintext 分为 group_num 组，第 i 组记为 plaintext[i]
for i ← 0  to  group_num − 1  do
    output ← enc_algo(fb, key)
    output ← output[0,1,⋯, j−1]
    last_length ← group_num · j − length
    if  i = group_num − 1  and  last_length ≠ 0  then
        //最后一个明文分组长度不足 j 比特
        output ← output[0,1,⋯,last_length −1]
        ciphertext_ ← plaintext[i] ⊕ output
    else
        ciphertext_ ← plaintext[i] ⊕ output
    ciphertext ← ciphertext || ciphertext_
    // 生成反馈向量
    f ← 0b11⋯11 (k−j 位) || ciphertext (j 位)
    //更新反馈缓存
    fb ← (fb ≪ k + f) (n+k 位)
    fb ← fb[(n+k−r),(n+k−r+1),⋯,(n+k−1)]
    fb ← fb[0,1,⋯,n−1]
return  ciphertext
```

CFB 解密算法的输入为十六进制密文 ciphertext 、初始向量 **iv**、密钥 key 、使用的分组密码加密算法 enc _ algo 和 CFB 工作模式的参数 para ，其中 para 包括分组密码加密算法输入比特长度 n 、密文分组比特长度 j 、反馈向量比特长度 k ，输出为十六进制明文 plaintext 。伪代码如下：

算法 18.2.3.2 $\mathbf{cfb\_decrypt(ciphertext, iv, key, enc\_algo, para)}$

// 输入：密文 ciphertext 、初始向量 **iv**、密钥 key

分组密码加密算法 enc _ algo 、参数 para $= (n, j, k)$

// 输出：明文 plaintext

$r \leftarrow$ **iv** 的比特长度

$n, j, k \leftarrow$ para

plaintext $\leftarrow \varepsilon$

length $\leftarrow$ ciphertext 比特长度

fb $\leftarrow$ **iv**$[0,1,\cdots,n-1]$

将 ciphertext 分为 group _ num 组，第 i 组记为 ciphertext$[i]$

for $i \leftarrow 0$ **to** group _ num -1 **do**

output $\leftarrow$ enc _ algo(fb, key)

output $\leftarrow$ output$[0,1,\cdots,j-1]$

last _ length $\leftarrow$ group _ num $\cdot j -$ length

if $i =$ group _ num -1 **and** last _ length $\neq 0$ **then**

//最后一个密文分组长度不足 j 比特

output $\leftarrow$ output$[0,1,\cdots,$ last _ length $-1]$

plaintext _ $\leftarrow$ ciphertext$[i] \oplus$ output

else

plaintext _ $\leftarrow$ ciphertext$[i] \oplus$ output

plaintext $\leftarrow$ plaintext $\|$ plaintext _

// 生成反馈向量

$f \leftarrow \overbrace{0b11\cdots11}^{k-j} \| \overbrace{\text{ciphertext\_}}^{j}$

//更新反馈缓存

fb $\leftarrow \overbrace{(\text{fb} \ll k + f)}^{n+k}$

fb $\leftarrow$ fb$[(n+k-r),(n+k-r+1),\cdots,(n+k-1)]$

fb $\leftarrow$ fb$[0,1,\cdots,n-1]$

return plaintext

18.2.4　OFB 工作模式算法伪代码

OFB 加密算法的输入为十六进制明文 plaintext 、初始向量 **iv**、密钥 key 、使用的分组密码加密算法 enc_algo 和 OFB 工作模式的参数 j （明文分组比特长度），输出为十六进制密文 ciphertext 。伪代码如下：

算法 18.2.4.1　ofb_encrypt(plaintext, iv, key, enc_algo, j)

```
// 输入：明文 plaintext 、初始向量 iv、密钥 key
        分组密码加密算法 enc_algo 、明文分组比特长度 j
// 输出：密文 ciphertext
n ← iv 的比特长度
ciphertext ← ε
length ← plaintext 比特长度
fb ← iv
将 plaintext 分为 group_num 组，第 i 组记为 plaintext[i]
for  i ← 0  to  group_num − 1  do
    fb ← enc_algo(fb, key)
    output ← fb[0,1,⋯, j − 1]
    last_length ← group_num · j − length
    if  i = group_num − 1  and  last_length ≠ 0  then
        //最后一个明文分组长度不足 j 比特
        output ← output[0,1,⋯,last_length − 1]
        ciphertext_ ← plaintext[i] ⊕ output
    else
        ciphertext_ ← plaintext[i] ⊕ output
    ciphertext ← ciphertext || ciphertext_
return  ciphertext
```

OFB 解密算法的输入为十六进制密文 ciphertext 、初始向量 **iv**、密钥 key 、使用的分组密码加密算法 enc_algo 和 OFB 工作模式的参数 j （密文分组比特长度），输出为十六进制明文 plaintext 。OFB 解密算法具体流程与加密算法类似，只是将明文与分组密码加密算法输出逐比特异或改为密文与分组密码加密算法输出逐比特异或，因此可直接调用分组密码加密算法。伪代码如下：

算法 18.2.4.2　ofb_decrypt(ciphertext, iv, key, enc_algo, j)

```
// 输入：密文 ciphertext 、初始向量 iv、密钥 key
        分组密码加密算法 enc_algo 、密文分组比特长度 j
// 输出：明文 plaintext
return  ofb_encrypt(ciphertext, iv, key, enc_algo, j)
```

18.2.5 CTR 工作模式算法伪代码

CTR 加密算法的输入为十六进制明文 plaintext 、计数器初始值 counter 、密钥 key 和使用的分组密码加密算法 enc_algo ，输出为十六进制密文 ciphertext 。伪代码如下：

算法 18.2.5.1 ctr_encrypt(plaintext, counter, key, enc_algo)

```
// 输入：明文 plaintext 、计数器初始值 counter 、密钥 key
        分组密码加密算法 enc_algo
// 输出：密文 ciphertext
ciphertext ← ε
length ← plaintext 字节长度
将 plaintext 分为 group_num 组，第 i 组记为 plaintext[i]
for i ← 0 to group_num − 1 do
    output ← enc_algo(counter, key)
    last_length ← group_num·16 − length
    if i = group_num − 1 and last_length ≠ 0 then
        //最后一个明文分组长度不足16字节
        output ← output ≫ (128 − last_length·8)
        ciphertext_ ← plaintext[i] ⊕ output
        ciphertext ← ciphertext || ciphertext_
    else
        ciphertext_ ← plaintext[i] ⊕ output
        ciphertext ← ciphertext || ciphertext_
    counter ← (counter + 1) mod 2^128
return ciphertext
```

CTR 解密算法的输入为十六进制密文 ciphertext 、计数器初始值 counter 、密钥 key 和使用的分组密码加密算法 enc_algo ，输出为十六进制明文 plaintext 。CTR 解密算法具体流程与加密算法类似，只是将明文与分组密码加密算法输出逐比特异或改为密文与分组密码加密算法输出逐比特异或，因此可直接调用分组密码加密算法。伪代码如下：

算法 18.2.5.2 ctr_decrypt(ciphertext, counter, key, enc_algo)

```
// 输入：密文 ciphertext 、计数器初始值 counter 、密钥 key
        分组密码加密算法 enc_algo
// 输出：明文 plaintext
return ctr_encrypt(ciphertext, counter, key, enc_algo)
```

18.3　算法实现与测试

针对上述提到的 5 种工作模式的加解密算法，本节给出使用 Python（版本大于 3.9）实现的源代码及相应的测试数据。

测试时分组密码加密算法使用 SM4 算法，填充算法使用 PKCS7 算法，所使用的密钥均为 0x2b7e151628aed2a6abf7158809cf4f3c；CBC 工作模式、CFB 工作模式、OFB 工作模式中的初始向量 **IV** 均为 0x000102030405060708090a0b0c0d0e0f。源代码清单如表 18-2 所示。

表 18-2　源代码清单

文 件 名	包 含 算 法
padding.py	PKCS7 填充算法
ecb.py	ECB 加解密算法
cbc.py	CBC 加解密算法
cfb.py	CFB 加解密算法
ofb.py	OFB 加解密算法
ctr.py	CTR 加解密算法

18.3.1　ECB 工作模式算法实现与测试

在 ECB 工作模式测试样例中，测试明文为 0x6bc1bee22e409f96e93d7e117393172aae2d8a571e03ac9c9eb76fac45af8e5130c81c46a35ce411e5fbc1191a0a52eff69f2445df4f9b17ad2b417be66c3710，对其进行 ECB 工作模式加密，ECB 工作模式加密测试数据及中间结果如表 18-3 所示。

表 18-3　ECB 工作模式加密测试数据及中间结果

明　文	0x6bc1bee22e409f96e93d7e117393172a ae2d8a571e03ac9c9eb76fac45af8e51 30c81c46a35ce411e5fbc1191a0a52ef f69f2445df4f9b17ad2b417be66c3710
填充后的明文	0x6bc1bee22e409f96e93d7e117393172a ae2d8a571e03ac9c9eb76fac45af8e51 30c81c46a35ce411e5fbc1191a0a52ef f69f2445df4f9b17ad2b417be66c3710 10101010101010101010101010101010
密　文	0xa51411ff04a711443891fce7ab842a29 d5b50f46a9a730a0f590ffa776d99855 c9a86a4d71447f4e873ada4f388af9b9 2b25557b50514d155939e6ec940ad90e c24141e7de80f1fe458fd44abcb8ee8e

对上述密文进行解密即可得到填充后的明文，去掉填充即可得到明文，因此解密相关数据也在表 18-3 中体现，这里不再重复给出。

18.3.2 CBC 工作模式算法实现与测试

在 CBC 工作模式测试样例中，测试明文为 0x6bc1bee22e409f96e93d7e117393172aae2d8a571e03ac9c9eb76fac45af8e5130c81c46a35ce411e5fbc1191a0a52eff69f2445df4f9b17ad2b417be66c3710，先按照 PKCS7 填充算法对其进行填充，再进行 CBC 工作模式加密。CBC 工作模式加密测试数据及中间结果如表 18-4 所示，其中以十六进制串描述数据，描述时省略“0x”。

表 18-4 CBC 工作模式加密测试数据及中间结果

i	明文 P_i	加密算法输入	加密算法输出	密文 C_i
0	6bc1bee22e409f96 e93d7e117393172a	6bc0bce12a459991 e134741a7f9e1925	ac529af989a62fce 9cddc5ffb84125ca	ac529af989a62fce 9cddc5ffb84125ca
1	ae2d8a571e03ac9c 9eb76fac45af8e51	027f10ae97a58352 026aaa53fdeeab9b	b168dd69db3c0eea 1ab16de6aea43c59	b168dd69db3c0eea 1ab16de6aea43c59
2	30c81c46a35ce411 e5fbc1191a0a52ef	81a0c12f7860eafb ff4aacffb4ae6eb6	2c15567bff8f7074 86c202c7be59101f	2c15567bff8f7074 86c202c7be59101f
3	f69f2445df4f9b17 ad2b417be66c3710	da8a723e20c0eb632 be943bc5835270f	74a629b350cd7e11 be99998af5206d6c	74a629b350cd7e11 be99998af5206d6c
4	1010101010101010 1010101010101010	64b639a340dd6e01 ae89899ae5307d7c	5a2cd37d4987d967 6b6a1b9e29cfa322	5a2cd37d4987d967 6b6a1b9e29cfa322

对上述密文进行 CBC 工作模式解密。CBC 工作模式解密测试数据及中间结果如表 18-5 所示，其中以十六进制串描述数据，描述时省略“0x”。

表 18-5 CBC 工作模式解密测试数据及中间结果

i	密文 C_i	加密算法输入	加密算法输出	明文 P_i
0	ac529af989a62fce 9cddc5ffb84125ca	ac529af989a62fce 9cddc5ffb84125ca	6bc0bce12a459991 e134741a7f9e1925	6bc1bee22e409f96 e93d7e117393172a
1	b168dd69db3c0eea 1ab16de6aea43c59	b168dd69db3c0eea 1ab16de6aea43c59	027f10ae97a58352 026aaa53fdeeab9b	ae2d8a571e03ac9c 9eb76fac45af8e51
2	2c15567bff8f7074 86c202c7be59101f	2c15567bff8f7074 86c202c7be59101f	81a0c12f7860eafb ff4aacffb4ae6eb6	30c81c46a35ce411 e5fbc1191a0a52ef
3	74a629b350cd7e11 be99998af5206d6c	74a629b350cd7e11 be99998af5206d6c	da8a723e20c0eb632 be943bc5835270f	f69f2445df4f9b17 ad2b417be66c3710
4	5a2cd37d4987d967 6b6a1b9e29cfa322	5a2cd37d4987d967 6b6a1b9e29cfa322	64b639a340dd6e01 ae89899ae5307d7c	1010101010101010 1010101010101010

18.3.3 CFB 工作模式算法实现与测试

在 CFB 工作模式测试样例中，参数 $n = 128$, $j = k = 8$，测试明文为 0x6bc1bee22e409f96。CFB 工作模式加密测试数据及中间结果如表 18-6 所示，其中以十六进制串描述数据，描述时省略“0x”。

表 18-6 CFB 工作模式加密测试数据及中间结果

i	明文 P_i	加密算法输入	加密算法输出	密文 C_i
0	6b	0001020304050607 08090a0b0c0d0e0f	d7b0b394034794b0 df20d63a27c5496c	bc
1	c1	0102030405060708 090a0b0c0d0e0fbc	590b8185e6b10e0d 71838fdcd0706ff5	98
2	be	0203040506070809 0a0b0c0d0e0fbc98	08db5e724d537170 c6c53d22cf9c2aae	b6
3	e2	030405060708090a 0b0c0d0e0fbc98b6	7e5370a265433064 1081e3feb85ac871	9c
4	2e	0405060708090a0b 0c0d0e0fbc98b69c	25f88d7ba32c5a53 05e4f141b21bbfc6	0b
5	40	05060708090a0b0c 0d0e0fbc98b69c0b	7a3705b7023a0a3b 5b628ca0da6d6ee2	3a
6	9f	060708090a0b0c0d 0e0fbc98b69c0b3a	572474e196f3c58b 6e8f8be6b1712ebe	c8
7	96	0708090a0b0c0d0e 0fbc98b69c0b3ac8	eddca0de36ff1e63 55d0d67da3b9c723	7b

对上述密文进行 CFB 工作模式解密。CFB 工作模式解密测试数据及中间结果如表 18-7 所示，其中以十六进制串描述数据，描述时省略“0x”。

表 18-7 CFB 工作模式解密测试数据及中间结果

i	密文 C_i	加密算法输入	加密算法输出	明文 P_i
0	bc	0001020304050607 08090a0b0c0d0e0f	d7b0b394034794b0 df20d63a27c5496c	6b
1	98	0102030405060708 090a0b0c0d0e0fbc	590b8185e6b10e0d 71838fdcd0706ff5	c1
2	b6	0203040506070809 0a0b0c0d0e0fbc98	08db5e724d537170 c6c53d22cf9c2aae	be
3	9c	030405060708090a 0b0c0d0e0fbc98b6	7e5370a265433064 1081e3feb85ac871	e2
4	0b	0405060708090a0b 0c0d0e0fbc98b69c	25f88d7ba32c5a53 05e4f141b21bbfc6	2e
5	3a	05060708090a0b0c 0d0e0fbc98b69c0b	7a3705b7023a0a3b 5b628ca0da6d6ee2	40

续表

i	密文 C_i	加密算法输入	加密算法输出	明文 P_i
6	c8	060708090a0b0c0d 0e0fbc98b69c0b3a	572474e196f3c58b 6e8f8be6b1712ebe	9f
7	7b	0708090a0b0c0d0e 0fbc98b69c0b3ac8	eddca0de36ff1e63 55d0d67da3b9c723	96

18.3.4 OFB 工作模式算法实现与测试

在 OFB 工作模式测试样例中，选择的参数 $n=128$，测试明文为 0x6bc1bee22e409f96e93d7e117393172aae2d8a571e03ac9c9eb76fac45af8e5130c81c46a35ce411e5fbc1191a0a52eff69f2445df4f9b17ad2b417be66c3710。OFB 工作模式加密测试数据及中间结果如表 18-8 所示，OFB 工作模式解密测试数据及中间结果如表 18-9 所示，其中以十六进制串描述数据，描述时省略“0x”。

表 18-8 OFB 工作模式加密测试数据及中间结果

i	明文 P_i	加密算法输入	加密算法输出	密文 C_i
0	6bc1bee22e409f96 e93d7e117393172a	0001020304050607 08090a0b0c0d0e0f	d7b0b394034794b0 df20d63a27c5496c	bc710d762d070b26 361da82b54565e46
1	ae2d8a571e03ac9c 9eb76fac45af8e51	d7b0b394034794b0 df20d63a27c5496c	a98d4c7f2a77a64f baba4c3d604e9870	07a0c62834740ad3 240d239125e11621
2	30c81c46a35ce411 e5fbc1191a0a52ef	a98d4c7f2a77a64f baba4c3d604e9870	e4beae5a6aacad40 158fdc37e3eac677	d476b21cc9f04951 f0741d2ef9e09498
3	f69f2445df4f9b17 ad2b417be66c3710	e4beae5a6aacad40 158fdc37e3eac677	e31bd851f4bea1b1 8b936ee69b6b5bde	1584fc142bf13aa6 26b82f9d7d076cce

表 18-9 OFB 工作模式解密测试数据及中间结果

i	密文 C_i	加密算法输入	加密算法输出	明文 P_i
0	bc710d762d070b26 361da82b54565e46	0001020304050607 08090a0b0c0d0e0f	d7b0b394034794b0 df20d63a27c5496c	6bc1bee22e409f96 e93d7e117393172a
1	07a0c62834740ad3 240d239125e11621	d7b0b394034794b0 df20d63a27c5496c	a98d4c7f2a77a64f baba4c3d604e9870	ae2d8a571e03ac9c 9eb76fac45af8e51
2	d476b21cc9f04951 f0741d2ef9e09498	a98d4c7f2a77a64f baba4c3d604e9870	e4beae5a6aacad40 158fdc37e3eac677	30c81c46a35ce411 e5fbc1191a0a52ef
3	1584fc142bf13aa6 26b82f9d7d076cce	e4beae5a6aacad40 158fdc37e3eac677	e31bd851f4bea1b1 8b936ee69b6b5bde	f69f2445df4f9b17 ad2b417be66c3710

18.3.5 CTR 工作模式算法实现与测试

在 CTR 工作模式测试样例中，选择计数器初始值为 0xf0f1f2f3f4f5f6f7f8f9fafbfcfdfeff，计算完每个分组后计数器的值加 1，测试明文为 0x6bc1bee22e409f96e93d7e117393172 aae2d8a571e03ac9c9eb76fac45af8e5130c81c46a35ce411e5fbc1191a0a52eff69f2445df4f9b17ad2b417be66c3710。CTR 工作模式加密测试数据及中间结果如表 18-10 所示，其中以十六进制串描述数据，描述时省略“ 0x ”。

表 18-10　CTR 工作模式加密测试数据及中间结果

i	明文 P_i	加密算法输入	加密算法输出	密文 C_i
0	6bc1bee22e409f96 c93d7c117393172a	f0f1f2f3f4f5f6f7 f8f9fafbfcfdfeff	7f6ff490973a0c58 fb2bb2c8eb7066eb	14ae4a72b97a93ce1216ccd998e371c1
1	ae2d8a571e03ac9c 9eb76fac45af8e51	f0f1f2f3f4f5f6f7 f8f9fafbfcfdff00	ceda65dc7d4711f1 3f2e4aa9a053afca	60f7ef8b6344bd6da1992505e5fc219b
2	30c81c46a35ce411 e5fbc1191a0a52ef	f0f1f2f3f4f5f6f7 f8f9fafbfcfdff01	3b384bbecf019101 d9f487488675e008	0bf057f86c5d75103c0f46519c7fb2e7
3	f69f2445df4f9b17 ad2b417be66c3710	f0f1f2f3f4f5f6f7 f8f9fafbfcfdff02	dfb7214685940187 41c45528bfbbf81e	292805035adb9a90ecef145359d7cf0e

对上述密文进行 CTR 工作模式解密。CTR 工作模式解密测试数据及中间结果如表 18-11 所示，其中以十六进制串描述数据，描述时省略“ 0x ”。

表 18-11　CTR 工作模式解密测试数据及中间结果

i	密文 C_i	加密算法输入	加密算法输出	明文 P_i
0	14ae4a72b97a93ce1216ccd998e371c1	f0f1f2f3f4f5f6f7 f8f9fafbfcfdfeff	7f6ff490973a0c58 fb2bb2c8eb7066eb	6bc1bee22e409f96 e93d7e117393172a
1	60f7ef8b6344bd6da1992505e5fc219b	f0f1f2f3f4f5f6f7 f8f9fafbfcfdff00	ceda65dc7d4711f1 3f2e4aa9a053afca	ae2d8a571e03ac9c 9eb76fac45af8e51
2	0bf057f86c5d75103c0f46519c7fb2e7	f0f1f2f3f4f5f6f7 f8f9fafbfcfdff01	3b384bbecf019101 d9f487488675e008	30c81c46a35ce411 e5fbc1191a0a52ef
3	292805035adb9a90ecef145359d7cf0e	f0f1f2f3f4f5f6f7 f8f9fafbfcfdff02	dfb7214685940187 41c45528bfbbf81e	f69f2445df4f9b17 ad2b417be66c3710

18.4　思考题

（1）在本章提到的 5 种工作模式中，加密时能并行实现的有哪几种？解密时能并行实现的有哪几种？试以 CBC 工作模式为例，比较并行解密的速度和非并行解密的速度。

（2）分别使用 ECB 工作模式和 CBC 工作模式加密一个 BMP 图片，其结果会有何不同？请结合两种工作模式的特点说明产生该现象的原因。

（3）Padding Oracle Attack 是一种针对 CBC 工作模式，利用服务器返回的填充错误信息进行的选择密文攻击。请查阅 Padding Oracle Attack 的相关资料，理解攻击原理并进行实现，进一步考虑如何防御该攻击。